新东方决胜考研系列

考研数学高分复习全书

（概率论与数理统计）

新东方国内大学项目事业部　编著

U0172100

华中科技大学出版社

中国·武汉

图书在版编目(CIP)数据

考研数学高分复习全书.概率论与数理统计/新东方国内大学项目事业部编著.—武汉:华中科技大学出版社,2020.10
ISBN 978-7-5680-6544-3

Ⅰ.①考…　Ⅱ.①新…　Ⅲ.①高等数学-研究生-入学考试-自学参考资料　Ⅳ.①O13

中国版本图书馆 CIP 数据核字(2020)第 191097 号

考研数学高分复习全书(概率论与数理统计)　　　　　　　新东方国内大学项目事业部　编著
Kaoyan Shuxue Gaofen Fuxi Quanshu(Gailülun yu Shuli Tongji)

策划编辑：谢燕群
责任编辑：谢燕群　李　露
封面设计：原色设计
责任校对：李　琴
责任监印：徐　露
出版发行：华中科技大学出版社(中国·武汉)　　　电话：(027)81321913
　　　　　武汉市东湖新技术开发区华工科技园　　邮编：430223
录　　排：武汉市洪山区佳年华文印部
印　　刷：武汉科源印刷设计有限公司
开　　本：787mm×1092mm　1/16
印　　张：6.5
字　　数：165 千字
版　　次：2020 年 10 月第 1 版第 1 次印刷
定　　价：19.80 元

华中出版

本书编委会

策　划　周　雷
主　编　周　雷　高林显
编　者　龚紫云　刘　艳　常海龙
　　　　李文飞　张文婧　余结余

序

  对每一位考研学子而言，无论是为了提升将来就业的竞争力，还是出于对某一专业的热爱而想继续深造，考研都是一次重要的人生抉择，是为了改变自己的前途和命运而进行的一场奋斗。为了梦圆心仪的学校，许多考生卧薪尝胆，焚膏继晷，然而面对浩茫无涯的复习内容，难免会产生欲济无舟楫之感。倘若此时，能够遇到一本贴心周到、内容精准的考研指导用书，或者得到一位经验丰富、声誉卓著的考研名师的点拨，可谓善莫大焉。

  由新东方国内大学项目事业部推出的新东方决胜考研丛书可称得上这样的备考利器。新东方国内大学项目事业部是新东方针对国内考试项目培训而设置的部门，不仅提供多个考研核心培训课程，通过面授和网络培训，每年帮助数以万计的考生实现了读研的梦想。而且，新东方国内大学项目事业部设有专业的教研中心，集结了众多新东方国内考试名师，全面负责大学英语四六级考试、考研无忧计划、考研直通车、VIP一对一、考研封闭集训营、考研全科等课程以及公务员考试的课程设计和相应课程配套教材的研发工作。专业的研发，使得本系列图书能时刻把握考研的动态，保证图书内容的针对性和高效性。

  新东方决胜考研丛书始于2011年上市的考研英语系列图书，其最大的特点是解析详尽，准确独到，以真正解决实际问题为原则，重视培养考生实际解题技能。同时，渗透了当代语言教学与研究的最新成果，并采用先进的语料库技术对相关考点进行梳理。面市当年，就赢得广大考生的青睐，成为考研英语图书市场的领军品牌。经多年深耕，新东方决胜考研丛书从英语学科已延伸至政治、数学等学科领域，涵盖真题、模拟题、考点精编、专项突破等方面。这套丛书的编撰者都是新东方教学一线的名师，他们学养深厚，经验丰富，熟谙所执教学科考试的重难点和命题规律，确保了本套丛书的专业性和权威性。同时，部分内容基于新东方教师的课堂讲义，是新东方教师教学经验的总结反思，是教师沉淀的精华所在，并且经新东方学员多轮使用而不断完善，具有很强的指导意义。

  近年来，随着考研难度的增加和考法的多变，像过去那种孤军奋战的复习方法已难以保证在考试中取得理想成绩。从某种意义上来说，在备考过程中选对一本好的辅导书能达到事半功倍的效果。这套丛书的编写宗旨是品质至上，服务一线教学。它力求做到为学生着想，讲解深入透彻，确凿无误，将疏漏降至最低程度，在内容编排上注重由易到难，循序渐进，从而使非利足者而致千里，非能水者而绝江河。

  新东方创立20余年来，一直处于中国教育培训行业领跑者的地位，享有很高的品牌号召力和影响力。这是其坚定不移地以教学产品、教学质量为核心，以给客户创造价值、提供极致服务为核心的结果，也反映出新东方注重对教育教学产品的研发和投入，致力打造优质教育资源。这套丛书正是这样的成果之一，我衷心希望广大考生借此登堂入室，从中获得最优化的学习内容和方法，在备考过程中少走弯路，顺利考入理想的学校，实现自己的人生理想。

周　雷

新东方国内大学项目事业部总经理

前　　言

  研究生入学考试全国统考数学从 1987 年开始至今已经过去了 33 个年头,在研究生入学考试的几门课程中,数学被考生公认为最难学、难考、难复习的一门课. 而当下很多热门专业的学习都是需要数学作为基础的. 本书是新东方国内大学事业部依托集团强大的师资力量,组织多位具有 10 年以上一线授课经验和阅卷经验的老师,以新东方多位老师的教学讲义为基础,结合历年真题知识点及其变化规律倾心编写而成,旨在帮助学生熟练掌握考研知识点,节省复习时间,提高效率,在短时间内高效地提高考试成绩.

  本书具有以下几大特点.

  (1)本书采用了高等数学、线性代数、概率论与数理统计单独成册的形式,在每册中对数学一、数学二、数学三的考点进行区分,帮助考生准确找到定位.

  (2)本书每一章开头提供了考试内容提要,以教育部考试大纲为基础,对大纲的知识点进行了详细、全面的解释和点拨,保证考生掌握考试需要的全部知识点,进行全面的、系统的复习;对重要考点和易错知识点进行说明,让考生把握复习的重点和难点.

  (3)题目选取由易到难,从课本上的基础题到最新的考研真题,基础题可以让考生较易上手掌握知识点,同时又有真题让考生进一步拔高,提前适应真题难度和命题方式,让考生的复习过程循序渐进,不会产生畏难情绪,从经典的真题中发现命题思路和解题方法.

  (4)本书不同于其他复习全书,采用了一种全新的编写思路,省去了部分中学阶段的知识点,对于应掌握的知识点采取了通俗易懂的编写方式,便于考生理解和尽快掌握;在后续的典型例题中,将每一章的例题进行归类,在每一类例题后写了总体的解题思路,帮助考生总结题型,分析题型,掌握题型.

  (5)本书中的题目详解,由数位新东方具有多年授课经验的老师结合考纲编写而成,内容简洁明了,能够一针见血地解决问题,让考生可以迅速抓住题目的本质并尽快掌握,从而节省了宝贵的时间. 同时,某些代表性习题解析后,老师也添加了"注",帮助考生全方面了解知识点的普适性和注意事项.

  为了同学们能够更高效地使用本书,本书编写团队依据多年的授课经验,给出以下复习的几点建议.

  (1)在使用本书之前,建议学生先回归课本,把基础打好是使用好本书的关键. 通过对历年真题研究发现,考研数学的命题思路越来越灵活,但是很多题目还是考查对基本概念、基本定理、基本方法的理解和应用. 很多同学在后期的复习过程中感觉比较吃力,究其原因,还是基础不扎实. 考研数学题很多都是从课本中演化而来,有些甚至就是书中定理的原题. 如 2015 年直接考了书中函数乘积求导公式的证明,2009 年证明拉格朗日中值定理等. 在前期充分打牢基础的前提下使用本书的效果更好.

  (2)建议同学们要对此书进行多次复习,第一次使用着重于基础,掌握好基础知识点,对考试知识点进行梳理和把握. 第二次使用开始注重习题和典型例题,对知识点的把握进行拔高,同时结合典型例题了解命题形式和规律,总结解题方法. 在第三次使用本书的时候要注意查漏补缺,多归纳,多总结,逐渐完善自己的知识体系和解题方法.

（3）本书在典型例题里对每章常考习题进行分类,同时给出详细的解题思路分析,学生在做习题的时候,务必先结合书中的思路独自做题,多分析,最后再看答案,以达到更好的复习效果.

希望本书能够给广大的考生带来帮助,对于书中的不足之处,恳请批评指正.

编　者

目　　录

第一章 随机事件和概率

随机事件与样本空间　事件的关系与运算　完备事件组　概率的概念　概率的基本性质
古典概型　几何概型　条件概率　概率的基本公式　事件的独立性　独立重复试验

1. 了解样本空间(基本事件空间)的概念,理解随机事件的概念,掌握事件的关系及运算.

2. 理解概率、条件概率的概念,掌握概率的基本性质,会计算古典型概率和几何型概率,掌握概率的加法公式、减法公式、乘法公式、全概率公式,以及贝叶斯(Bayes)公式.

3. 理解事件独立性的概念,掌握用事件独立性进行概率计算的方法;理解独立重复试验的概念,掌握计算有关事件概率的方法.

一、随机事件

1. 基本概念

1）随机试验

概率论中将具有以下三个特点的试验称为随机试验,简称试验,常记为 E.

(1) 重复性:可以在相同的条件下重复地进行;

(2) 明确性:每次试验的可能结果不止一个,并且能事先明确试验的所有可能结果;

(3) 不确定性:进行一次试验之前不能确定哪一个结果会出现.

2）样本点

随机试验的每一个基本结果称为一个样本点,记为 ω.

3）样本空间

随机试验的所有样本点组成的集合称为样本空间,记为 Ω.

4）随机事件

样本空间 Ω 的子集,即试验的结果称为随机事件,简称事件,通常用大写字母 A、B、C 等表示. 其中,Ω 称为必然事件,$\varnothing$ 称为不可能事件.

2. 事件的关系

1）包含

$A \subset B \Leftrightarrow$ 事件 A 发生一定导致 B 发生.

2）相等

$A \subset B$ 且 $B \subset A$,则事件 $A = B$.

3) 积事件

$A \cap B$ 或 $AB \Leftrightarrow$ 事件 A, B 同时发生. 类似地, 称 $\bigcap\limits_{k=1}^{n} A_k$ 为 n 个事件 $A_1, A_2, \cdots, A_n$ 的积事件.

4) 互斥

$AB = \varnothing \Leftrightarrow$ 事件 A, B 不能同时发生.

5) 和事件

$A \cup B$ 或 $A + B \Leftrightarrow$ 事件 A, B 至少有一个发生. 类似地, 称 $\bigcup\limits_{k=1}^{n} A_k$ 为 n 个事件 $A_1, A_2, \cdots, A_n$ 的和事件.

6) 对立事件

$A \cup B = \Omega$ 且 $A \cap B = \varnothing \Leftrightarrow$ 事件 A, B 在一次试验中必然发生且只能发生一个, A 的对立事件记为 $\bar{A}$.

7) 差事件

$A - B$ 或 $A\bar{B} \Leftrightarrow$ 事件 A 发生且事件 B 不发生.

8) 完备事件组

若事件 $A_1 \cup \cdots \cup A_n = \Omega, A_i A_j = \varnothing, 1 \leqslant i \neq j \leqslant n$, 则称事件 $A_1, \cdots, A_n$ 是一个完备事件组.

【例 1.1】 设 A, B 为任意两个事件, 则下列选项错误的是( ).

(A) $AB = \varnothing$, 则 $\bar{A}, \bar{B}$ 可能不相容   (B) $AB \neq \varnothing$, 则 $\bar{A}, \bar{B}$ 也可能相容

(C) $AB = \varnothing$, 则 $\bar{A}, \bar{B}$ 也可能相容   (D) $AB \neq \varnothing$, 则 $\bar{A}, \bar{B}$ 一定不相容

【解析】 A, B 为任意两个事件, 若 A, B 对立, 则 $AB = \varnothing$, $\bar{A}, \bar{B}$ 互不相容, 故(A)说法正确, 但题目要求选错误的, 所以(A)排除. $AB \neq \varnothing$, $\bar{A}, \bar{B}$ 也可能相容, 画文氏图很容易判断其正确, (B)排除. 对于(C), 同理, 画文氏图易验证其正确性, 所以也排除, 故选(D).

3. 事件的运算律

(1) 交换律: $A \cup B = B \cup A, A \cap B = B \cap A$;

(2) 结合律: $A \cup (B \cup C) = (A \cup B) \cup C, A \cap (B \cap C) = (A \cap B) \cap C$;

(3) 分配律: $A \cup (B \cap C) = (A \cup B) \cap (A \cup C), A \cap (B \cup C) = (A \cap B) \cup (A \cap C)$;

(4) 对偶律: $\overline{A \cup B} = \bar{A} \cap \bar{B}, \overline{A \cap B} = \bar{A} \cup \bar{B}$.

【例 1.2】 对于任意两个事件 A, B, 与 $A \cup B = B$ 不等价的是( ).

(A) $A \subset B$ (B) $\bar{B} \subset \bar{A}$ (C) $A\bar{B} = \varnothing$ (D) $\bar{A}B = \varnothing$

【解析】 画文氏图如下, 由题设 $A \cup B = B$, 易得 $A \subset B$, 从而 $\bar{B} \subset \bar{A}$, 因此 $A\bar{B} = \varnothing$, 所以(A), (B), (C)都排除, 故选(D).

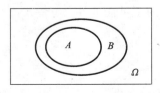

【注】 与事件关系有关的题目, 画文氏图一般比较容易判断出来.

二、概率及其计算

1. 基本概念

1）概率的公理化定义

设 E 是随机试验，Ω 是它的样本空间，对于 E 的每一个事件 A 赋予一个实数，记为 $P(A)$，称为事件 A 的概率，集合函数满足下列条件：

（1）非负性：对于每一个事件 A，有 $P(A) \geqslant 0$；

（2）规范性：对于必然事件 Ω，有 $P(\Omega) = 1$；

（3）可列可加性：设 $A_1, A_2, \cdots, A_n$ 是两两互不相容的事件，即对于 $i \neq j, A_i A_j = \varnothing, i, j = 1, 2, \cdots, n$，则有 $P(A_1 \bigcup A_2 \cdots \bigcup A_n) = P(A_1) + P(A_2) + \cdots P(A_n)$.

2）条件概率的定义

设 A, B 是两个事件，且 $P(A) > 0$，称 $P(B|A) = \dfrac{P(AB)}{P(A)}$ 为在事件 A 发生的条件下事件 B 发生的条件概率.

3）概率的性质

（1）非负性：对于任意事件 $A \subseteq \Omega, 0 \leqslant P(A) \leqslant 1; 0 \leqslant P(B|A) \leqslant 1$；

（2）规范性：$P(\varnothing) = 0, P(\Omega) = 1; P(\Omega|A) = 1$；

（3）有限可加性：设 $A_1, A_2, \cdots, A_n$ 是两两互不相容的事件，即对于 $i \neq j, A_i A_j = \varnothing, i, j = 1, 2, \cdots, n$，则有

$$P(A_1 \bigcup A_2 \cdots \bigcup A_n) = P(A_1) + P(A_2) + \cdots + P(A_n)$$

$$P\{(A_1 + A_2)|B\} = P(A_1|B) + P(A_2|B) - P(A_1 A_2|B)$$

（4）逆事件的概率：对于任一事件 A，有 $P(\overline{A}) = 1 - P(A); P(\overline{A}|B) = 1 - P(A|B)$；

（5）可比性：设 A, B 是两个事件，若 $A \subset B$，则有 $P(A) \leqslant P(B); P(A|C) \leqslant P(B|C)$.

2. 事件的独立性

1）两个事件的独立性

设 A, B 是两个事件，如果满足等式 $P(AB) = P(A)P(B)$，则称事件 A, B 相互独立，简称事件 A, B 独立.

2）三个事件的独立性

设 A, B, C 是三个事件，如果满足等式

$$\left. \begin{array}{l} P(AB) = P(A)P(B) \\ P(AC) = P(A)P(C) \\ P(BC) = P(B)P(C) \end{array} \right\} \Rightarrow A, B, C \text{ 两两独立}$$

如果满足等式

$$\left. \begin{array}{l} P(AB) = P(A)P(B) \\ P(AC) = P(A)P(C) \\ P(BC) = P(B)P(C) \\ P(ABC) = P(A)P(B)P(C) \end{array} \right\} \Rightarrow A, B, C \text{ 相互独立}$$

3）独立的性质

若事件 A,B 相互独立,则 A 与 $\overline{B}$,$\overline{A}$ 与 B,$\overline{A}$ 与 $\overline{B}$ 也相互独立.

【例 1.3】 设 A、B 是两个随机事件,且 $0<P(A)<1,P(B)>0,P(B|A)=P(B|\overline{A})$,则必有( ).

(A) $P(A|B)=P(\overline{A}|B)$ (B) $P(A|B)\neq P(\overline{A}|B)$

(C) $P(AB)=P(A)P(B)$ (D) $P(AB)\neq P(A)P(B)$

【解析】 由题设条件 $P(B|A)=P(B|\overline{A})$ 知,A 发生与 A 不发生的条件下,B 发生的条件概率相等,即 A 是否发生不影响 B 的发生概率,故 A,B 相互独立,故选(C).

【注】 独立的等价说法:事件 A,B 独立 $\Leftrightarrow P(AB)=P(A)P(B) \Leftrightarrow P(B)=P(B|A) \Leftrightarrow P(B)=P(B|\overline{A}) \Leftrightarrow P(B|A)=P(B|\overline{A})$.

【例 1.4】 设 A,B,C 三个事件两两独立,则 A,B,C 相互独立的充分必要条件是( ).

(A) A 和 BC 独立   (B) AB 与 $A\cup C$ 独立

(C) AB 与 AC 独立   (D) $A\cup B$ 与 $A\cup C$ 独立

【解析】 因为 A,B,C 三个事件两两独立,故要 A,B,C 相互独立只需要再满足 $P(ABC)=P(A)P(B)P(C)$,(A)中 A 和 BC 独立,则有 $P(ABC)=P(A)P(BC)=P(A)P(B)P(C)$,故(A)正确.

【注】 注意区分三个事件 A,B,C 相互独立与两两独立的区别.相互独立一定两两独立.

3. 计算公式

1）加法公式

$$P(A+B)=P(A)+P(B)-P(AB)$$
$$P(A+B+C)=P(A)+P(B)+P(C)-P(AB)-P(BC)-P(AC)+P(ABC)$$

2）减法公式

$$P(A-B)=P(A)-P(AB)$$

3）乘法公式

$$P(AB)=P(A)P(B|A)=P(B)P(A|B)$$

4）全概率公式

$A_1,A_2,\cdots,A_n$ 是完备事件组,且 $P(A_i)>0,i=1,2,\cdots,n$,则 $P(B)=\sum_{i=1}^{n}P(A_i)P(B|A_i)$.

5）贝叶斯公式

$A_1,A_2,\cdots,A_n$ 是完备事件组,$P(B)>0,P(A_i)>0,i=1,2,\cdots,n$,则有:

$$P(A_i|B)=\frac{P(A_i)P(B|A_i)}{\sum_{i=1}^{n}P(A_i)P(B|A_i)}$$

【例 1.5】 已知 $P(A)=0.4,P(B|A)=0.5,P(A|B)=0.25$,则 $P(B)=$ _____.

【解析】 由 $P(B|A)=\frac{P(AB)}{P(A)}\Rightarrow P(AB)=P(B|A)P(A)$,$P(A|B)=\frac{P(AB)}{P(B)}\Rightarrow P(AB)=P(A|B)P(B)$,可得

$$P(B|A)P(A)=P(A|B)P(B)$$

则

$$P(B) = \frac{P(B|A)P(A)}{P(A|B)} = \frac{0.5 \times 0.4}{0.25} = \frac{4}{5}$$

【例 1.6】 设 A, B, C 是随机事件, A 与 C 互不相容, $P(AB) = \frac{1}{2}$, $P(C) = \frac{1}{3}$, 则 $P(AB|\overline{C})$ = _____.

【解析】 由于 A, C 互不相容, 故 $P(ABC) = 0$, 由条件概率公式可得:

$$P(AB|\overline{C}) = \frac{P(AB\overline{C})}{P(\overline{C})} = \frac{P(AB) - P(ABC)}{1 - P(C)} = \frac{\frac{1}{2} - 0}{1 - \frac{1}{3}} = \frac{3}{4}$$

【注】 若事件 A 与 B 互不相容, 则 $P(AB) = 0$. 但是, 反过来说不正确. 即若 $P(AB) = 0$, 则事件 A 与 B 不一定互斥. 同样道理, 若事件 A 是必然事件, 则 $P(A) = 1$. 但是, 若 $P(A) = 1$, 则事件 A 不一定是必然事件. 总结: 可以由事件关系⇒概率, 但是不能由概率⇒事件关系.

【例 1.7】 设有三个箱子, 第一个箱子中有 4 个黑球和 1 个白球, 第二个箱子中有 3 个黑球和 3 个白球, 第三个箱子中有 3 个黑球和 5 个白球. 现随机地取一个箱子, 再从这个箱子中取出 1 个球, 这个球为白球的概率为 _____. 已知取出的球是白球, 则此球属于第二个箱子的概率为 _____.

【解析】 要想取出白球, 第一步, 先从三个箱子中随机地取一个箱子, 第二步, 再从箱子中取出一个白球. 该事件分两步完成, 利用全概率公式, 记 $B = \{$从箱子中取出的是白球$\}$, $A_i = \{$取的是第 i 个箱子$\}$, $i = 1, 2, 3$, 则

$$P(A_1) = P(A_2) = P(A_3) = \frac{1}{3}, \quad P(B|A_1) = \frac{1}{5}, \quad P(B|A_2) = \frac{3}{6} = \frac{1}{2}, \quad P(B|A_3) = \frac{5}{8}.$$

由全概率公式可得取出的这个球为白球的概率为

$$P(B) = P(A_1)P(B|A_1) + P(A_2)(B|A_2) + P(A_3)(B|A_3)$$
$$= \frac{1}{3} \times \frac{1}{5} + \frac{1}{3} \times \frac{1}{2} + \frac{1}{3} \times \frac{5}{8} = \frac{53}{120}$$

由贝叶斯公式得, 当取出的球是白球时, 此球属于第二个箱子的概率为

$$P(A_2|B) = \frac{P(A_2)P(B|A_2)}{P(B)} = \frac{\frac{1}{3} \times \frac{1}{2}}{\frac{53}{120}} = \frac{20}{53}$$

【注】 事件分两步完成, 采用全概率公式. 贝叶斯公式也叫逆概率公式, 其根据事件的"结果"反过来找"原因".

三、三种概率模型

1. 古典概型

具有以下两个特点的试验称为古典概型:
(1) 样本空间有限: $\Omega = \{e_1, e_2, \cdots, e_n\}$;
(2) 等可能性: $P\{e_1\} = P\{e_2\} = \cdots = P\{e_n\}$.

事件 A 发生概率的计算方法: $P(A) = \frac{k}{n}$, 其中 $k = \{A$ 中基本事件的个数$\}$, $n = \{\Omega$ 中基本

事件的个数}.

【例 1.8】 100 件产品中,有 60 件正品,40 件次品,设 $A=\{3$ 件均为次品$\}$,$B=\{2$ 件正品,1 件次品$\}$.

(1) 现从中一次取 1 件,任取 3 件,按照放回与不放回抽样,求 $P(A)$,$P(B)$.

(2) 现从中一次取 3 件,求 $P(A)$,$P(B)$.

【解析】 (1) 对于放回抽样,有

$$P(A)=\frac{40\times40\times40}{100\times100\times100}, \quad P(B)=\frac{60\times60\times40\times3}{100\times100\times100}$$

对于不放回抽样,有

$$P(A)=\frac{40\times39\times38}{100\times99\times98}, \quad P(B)=\frac{60\times59\times40\times3}{100\times99\times98}$$

(2) $P(A)=\dfrac{C_{40}^3}{C_{100}^3}=\dfrac{40\times39\times38}{100\times99\times98}$,$P(B)=\dfrac{C_{60}^2C_{40}^1}{C_{100}^3}=\dfrac{60\times59\times40\times3}{100\times99\times98}$.

2. 几何概型

如果试验 E 是从某一线段(或平面、空间中有界区域)Ω 上任取一点,并且所取得点位于 Ω 中任意两个长度(或面积、体积)相等的子区间(或子区域)内的可能性相同,则所取得点位于 Ω 中任意子区间(或子区域)A 内这一事件(仍记作 A)的概率为

$$P(A)=\frac{m(A)}{m(\Omega)}$$

其中,$m(A)=\{A$ 的测度(长度、面积、体积等)$\}$,$m(\Omega)=\{\Omega$ 的测度(长度、面积、体积等)$\}$.

【例 1.9】 在区间 $(0,1)$ 中随机地取两个数,则事件"两数之和小于 $\dfrac{6}{5}$"的概率为_____.

【解析】 不妨假定随机地抽出两个数分别为 x 和 y,如果把 (x,y) 看成平面上一个点的坐标,则由于 $0<x<1$,$0<y<1$,所以 (x,y) 为平面上正方形:$0<x<1$,$0<y<1$ 中的一个点.x 和 y"两数之和小于 $\dfrac{6}{5}$"对应于正方形中直线 $y=\dfrac{6}{5}-x$ 下方阴影部分区域,如图所示.所以用阴影部分区域的面积除以正方形面积即可:

$$P\left\{x+y<\frac{6}{5}\right\}=\frac{1-\dfrac{1}{2}\times\dfrac{4}{5}\times\dfrac{4}{5}}{1}=\frac{17}{25}$$

【注】 对于几何概型问题,关键在于建立数学模型,然后画图计算即可.

3. 伯努利概型

只有两个结果 A 和 $\overline{A}$ 的试验称为伯努利试验,若将伯努利试验独立重复地进行 n 次,则称为 n 重伯努利试验.设在每次试验中,事件 A 发生的概率 $P(A)=p(0<p<1)$,则在 n 重伯

努利试验中,事件 A 发生 k 次记为 A_k,其概率为

$$P(A_k)=C_n^k p^k (1-p)^{n-k} (k=0,1,2,\cdots,n)$$

【例 1.10】 设三次独立试验中,事件 A 出现的概率相等,若已知 A 至少出现一次的概率为 $\frac{19}{27}$,则事件 A 在一次试验中出现的概率为_____.

【解析】 设在每次试验中 A 出现的概率为 p,则

$$\frac{19}{27}=P\{A \text{ 至少出现 1 次}\}=1-P\{A \text{ 出现 0 次}\}=1-C_3^0 p^0 (1-p)^{3-0}=1-(1-p)^3$$

解得 $p=\frac{1}{3}$.

【注】 题目中出现"独立重复试验"字眼时,要联想到伯努利概型.

四、典型题型

题型一:事件的关系及运算

这一部分内容往往不单独出题,常与事件的概率结合起来出题.

【解题思路总述】

(1) 需要掌握加法公式、减法公式、乘法公式、条件概率公式;

(2) 需重点掌握事件的运算律,尤其是对偶律;

(3) 对于涉及事件关系的题目,一般也可考虑画文氏图解决.

【例 1】 设事件 A 与事件 B 互不相容,则(　　).

(A) $P(\overline{A}\overline{B})=0$ 　　　　　　　　　　(B) $P(AB)=P(A)P(B)$

(C) $P(A)=1-P(B)$ 　　　　　　　　　(D) $P(\overline{A}\cup\overline{B})=1$

【例 2】 设事件 A 与 B 满足条件 $AB=\overline{A}\overline{B}$,则 $A\cup B=$_____.

题型二:概率及其性质

这一部分内容主要以选择题或填空题的形式出现,属于概率论与数理统计部分的高频考点.

【解题思路总述】

解决此类问题常应用概率的可比性质,并结合概率公式进行解决.另外,题中若出现条件概率,一般都需要应用条件概率公式进行计算求解.

【例 3】 设 A,B 为随机事件,且 $P(B)>0,P(A|B)=1$,则必有(　　).

(A) $P(A\cup B)>P(A)$ 　　　　　　　　(B) $P(A\cup B)>P(B)$

(C) $P(A\cup B)=P(A)$ 　　　　　　　　(D) $P(A\cup B)=P(B)$

【例 4】 若 A,B 为任意两个随机事件,则(　　).

(A) $P(AB)\leqslant P(A)P(B)$ 　　　　　　(B) $P(AB)\geqslant P(A)P(B)$

(C) $P(AB)\leqslant\dfrac{P(A)+P(B)}{2}$ 　　　　(D) $P(AB)\geqslant\dfrac{P(A)+P(B)}{2}$

【例 5】 设 A,B 为两个随机事件,$0<P(A)<1,0<P(B)<1$,若 $P(A|B)=1$,则下面正确的是(　　).

(A) $P(\overline{B}|\overline{A})=1$　　(B) $P(A|\overline{B})=0$　　(C) $P(A+B)=1$　　(D) $P(B|A)=1$

题型三：概率的计算

概率的计算为重点内容，常以选择题或填空题的形式考查.

【解题思路总述】

掌握五大公式：加法公式、减法公式、乘法公式、全概率公式和贝叶斯公式. 此类题常需结合独立事件的性质进行解决.

【例6】 设随机事件 A 与 B 相互独立，且 $P(B)=0.5,P(A-B)=0.3$，则 $P(B-A)=$（　　）.

(A) 0.1　　　　(B) 0.2　　　　(C) 0.3　　　　(D) 0.4

【例7】 设随机事件 A 与 B 相互独立，A 与 C 相互独立，$BC=\varnothing$. 若

$$P(A)=P(B)=\frac{1}{2},\quad P(AC|(AB\cup C))=\frac{1}{4}$$

则 $P(C)=$ _____.

【例8】 已知 A,B,C 是三个随机事件，且满足如下条件：$P(A)=P(B)=P(C)=\frac{1}{4}$，

$P(AB)=P(BC)=0,P(AC)=\frac{1}{8}$，则 A,B,C 至少有一个发生的概率为 _____.

【例9】 设两个相互独立的事件 A 和 B 至少发生一个的概率为 $\frac{8}{9}$，已知 A 发生 B 不发生的概率与 B 发生 A 不发生的概率相等，则 $P(A)=$ _____.

题型四：三种概率模型

此部分要求考生识别三种概率模型，并能计算模型中事件的概率.

【解题思路总述】

(1) 若题中叙述体现出独立重复，则重点考虑是否为伯努利概型；

(2) 若题中叙述体现出等可能、有限性，则重点考虑是否为古典概型；

(3) 若题中叙述体现出等可能、几何度量（长度、面积、体积），则重点考虑是否为几何概型.

【例10】 设袋中有红、白、黑球各 1 个，从中有放回地取球，每次取 1 个，直到 3 种颜色的球都取到时停止，则取球次数恰好为 4 的概率为 _____.

【例11】 在区间 $(0,1)$ 中随机地取两个数，则这两数之差的绝对值小于 $\frac{1}{2}$ 的概率为 _____.

【例12】 某人向同一目标独立重复射击，每次射击命中目标的概率为 $p(0<p<1)$，则此人第 4 次射击恰好第 2 次命中目标的概率为（　　）.

(A) $3p(1-p)^2$　　(B) $6p(1-p)^2$　　(C) $3p^2(1-p)^2$　　(D) $6p^2(1-p)^2$

五、典型题型答案

题型一：事件的关系及运算

【例1】 解析：

对于(A)、(C),事件 A,B 对立时成立,A,B 互不相容时不一定成立,所以排除.对于(B),当事件 A,B 独立时成立,故也排除.对于(D),$P(\overline{A}\cup\overline{B})=P(\overline{AB})=1-P(AB)=1$.综上,此题选(D).

【例2】 解析:

由题可知 $AB=\overline{A}B$,同时交事件 B 为 $ABB=\overline{A}BB$,可得 $AB=\varnothing$,即 $\overline{A}B=\varnothing$,所以有 $\overline{AB}=\overline{A\cup B}=\varnothing$,故 $A\cup B=\Omega$.

题型二:概率及其性质

【例3】 解析:

由条件概率公式有:$P(A\mid B)=\dfrac{P(AB)}{P(B)}=1$,得 $P(AB)=P(B)$,根据加法公式有 $P(A\cup B)=P(A)+P(B)-P(AB)=P(A)$,故选择(C).

【例4】 解析:

由于 $AB\subset A,AB\subset B$,所以 $P(AB)\leqslant P(A),P(AB)\leqslant P(B)$,故 $P(AB)\leqslant\dfrac{P(A)+P(B)}{2}$,因此选(C).

【例5】 解析:

由 $P(A\mid B)=1$,根据条件概率公式得 $P(AB)=P(B)$,则有:

$$P(\overline{B}\mid\overline{A})=\frac{P(\overline{A}\overline{B})}{P(\overline{A})}=\frac{P(\overline{A\cup B})}{1-P(A)}=\frac{1-P(A\cup B)}{1-P(A)}=1$$

题型三:概率的计算

【例6】 解析:

利用减法公式得

$$P(A-B)=P(A)-P(AB)=P(A)-P(A)P(B)=P(A)-0.5P(A)=0.5P(A)=0.3$$

所以 $P(A)=0.6$.所以

$$P(B-A)=P(B)-P(BA)=P(B)-P(B)P(A)=0.5-0.3=0.2$$

故选(B).

【例7】 解析:

由题意可知,$P(AB)=P(A)P(B),P(AC)=P(A)P(C),P(BC)=0$.

由条件概率的定义可得:

$$P(AC\mid(AB\cup C))=\frac{P((AC)(AB\cup C))}{P(AB\cup C)}=\frac{P(ACAB\cup ACC)}{P(AB)+P(C)-P(ABC)}$$

$$=\frac{P(AC)}{P(A)P(B)+P(C)}=\frac{\frac{1}{2}P(C)}{\frac{1}{2}\times\frac{1}{2}+P(C)}=\frac{1}{4}$$

解得 $P(C)=\dfrac{1}{4}$.

【例8】 解析:

事件 A,B,C 至少有一个发生的概率为

$$P(A\cup B\cup C)=P(A)+P(B)+P(C)-P(AB)-P(AC)-P(BC)+P(ABC)$$

$$= \frac{1}{4} + \frac{1}{4} + \frac{1}{4} - 0 - \frac{1}{8} - 0 + 0 = \frac{5}{8}$$

【例 9】 解析：

由题意 $P(A\overline{B}) = P(\overline{A}B)$，根据差事件公式可得 $P(A) = P(B)$，又知两个相互独立的事件 A 和 B 至少发生一个的概率为 $\frac{8}{9}$，故 $P(\overline{A}\overline{B}) = \frac{1}{9}$，又因为事件 A 和 B 相互独立，所以 $\overline{A}$ 和 $\overline{B}$ 也相互独立，则

$$P(\overline{A}\overline{B}) = P(\overline{A})P(\overline{B}) = [1 - P(A)]^2 = \frac{1}{9}$$

解得 $P(A) = \frac{2}{3}$.

题型四：三种概率模型

【例 10】 解析：

由题目可知，每个球被取到的概率均为 $\frac{1}{3}$. 要使第 4 次取球时，3 种颜色的球恰被取到，则需要前 3 次取了 2 种颜色的球，第 4 次才取到第 3 种颜色的球，并且每次取球是独立的，所以

$$P(A) = C_3^2 \left(\frac{1}{3}\right)^2 \frac{1}{3} \times 2 \cdot C_3^1 \frac{1}{3} = \frac{2}{9}$$

【例 11】 解析：

记事件 A 为"两数之差的绝对值小于 $\frac{1}{2}$"，则满足要求的 x, y 可以表示为 $|x - y| < \frac{1}{2}$，该不等式表示一平面区域，故判断此试验为几何概型.

用 x, y 表示随机抽取的两个数，则 $0 < x, y < 1$.

x, y 所有可能的取值可以看作边长为 1 的正方形集合 Ω，其面积为 1.

如图所示，由几何概型可知，所求概率为

$$P(A) = \frac{S_D}{S_\Omega} = \frac{1 - \left(\frac{1}{2}\right)^2}{1} = \frac{3}{4}$$

其中，S_D 表示图中阴影部分面积，S_Ω 为正方形的面积.

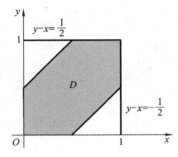

【例 12】 解析：

由题意可知，该试验为多重伯努利试验，由"第 4 次射击恰好第 2 次命中目标"可知共试验 4 次，前 3 次试验中，1 次成功，2 次失败，概率为 $C_3^1 p (1-p)^2$.

而第 4 次是成功的，其概率为 p，故该事件概率为：$C_3^1 p (1-p)^2 \cdot p = 3p^2 (1-p)^2$. 所以答案为(C).

第二章 一维随机变量及其分布

随机变量 随机变量分布函数的概念及其性质 离散型随机变量的概率分布 连续型随机变量的概率密度函数 常见随机变量的分布 随机变量函数的分布

1. 理解随机变量的概念,理解分布函数
$$F(x)=P\{X\leqslant x\} \quad (-\infty<x<\infty)$$
的概念及性质,会计算与随机变量相联系的事件的概率.

2. 理解离散型随机变量及其概率分布(分布律)的概念,掌握 0-1 分布、二项分布、几何分布、超几何分布、泊松(Poisson)分布及其应用.

3. 了解泊松定理的结论和应用条件,会用泊松分布近似表示二项分布.

4. 理解连续型随机变量及其概率密度的概念,掌握均匀分布 $U(a,b)$、正态分布 $N(\mu, \sigma^2)$、指数分布及其应用,其中,参数为 $\lambda(\lambda>0)$ 的指数分布 $E(\lambda)$ 的概率密度函数为
$$f(x)=\begin{cases} \lambda e^{-\lambda x}, & x>0 \\ 0, & x\leqslant 0 \end{cases}$$

5. 会求随机变量函数的分布.

一、随机变量及分布函数

1. 随机变量

定义:设随机试验的样本空间为 $\Omega=\{\omega\}$,$X=X(\omega)$ 是定义在样本空间 Ω 上的实值单值函数,称 $X=X(\omega)$ 为随机变量.常用大写字母 X,Y,Z 等表示.

2. 随机变量的分布函数

1) 分布函数的定义
设 X 是一个随机变量,对于任意实数 x,函数
$$F(x)=P\{X\leqslant x\} \quad (-\infty<x<+\infty)$$
称为随机变量 X 的分布函数.

2) 分布函数的性质
(1) 非负性:$0\leqslant F(x)\leqslant 1$;

(2) 规范性:$F(-\infty)=\lim\limits_{x\to-\infty} F(x)=0$,$F(+\infty)=\lim\limits_{x\to+\infty} F(x)=1$;

（3）单调不减性:对于任意的 $x_1 < x_2$,有 $F(x_1) \leqslant F(x_2)$;

（4）右连续性:$F(x_0) = F(x_0 + 0)$.

3）利用分布函数求概率

已知 X 的分布函数 $F(x)$,则有

（1）$P\{X \leqslant a\} = F(a)$;

（2）$P\{X > a\} = 1 - F(a)$;

（3）$P\{X < a\} = F(a-0) = \lim\limits_{x \to a^-} F(x)$;

（4）$P\{X \geqslant a\} = 1 - F(a-0)$;

（5）$P\{X = a\} = P\{X \leqslant a\} - P\{X < a\} = F(a) - F(a-0)$;

（6）$P\{a < X \leqslant b\} = P\{X \leqslant b\} - P\{X \leqslant a\} = F(b) - F(a)$;

（7）$P\{a < X < b\} = P\{X < b\} - P\{X \leqslant a\} = F(b-0) - F(a)$;

（8）$P\{a \leqslant X \leqslant b\} = P\{X \leqslant b\} - P\{X < a\} = F(b) - F(a-0)$;

（9）$P\{a \leqslant X < b\} = P\{X < b\} - P\{X < a\} = F(b-0) - F(a-0)$.

【例 2.1】 设随机变量的分布函数 $F(x) = \begin{cases} a + \dfrac{b}{(x+1)^2}, & x > 0, \\ c, & x \leqslant 0. \end{cases}$ 求 a,b,c 的值.

【解析】 因为 $0 = \lim\limits_{x \to -\infty} F(x) = c$;$1 = \lim\limits_{x \to +\infty} F(x) = \lim\limits_{x \to +\infty} \left[a + \dfrac{b}{(x+1)^2}\right] = a$;又

$$F(0) = \lim\limits_{x \to 0^+} F(x) = \lim\limits_{x \to 0^+} \left[a + \dfrac{b}{(x+1)^2}\right] = a + b$$

因此最终有 $a = 1, b = -1, c = 0$.

【例 2.2】 设随机变量 X 的分布函数 $F(x) = \begin{cases} 0, & x < 0, \\ \dfrac{1}{2}, & 0 \leqslant x < 1, \\ 1 - \mathrm{e}^{-x}, & x \geqslant 1. \end{cases}$ 则 $P\{X = 1\} = ($ 　　 $)$.

（A）0 　　　　　　（B）$\dfrac{1}{2}$ 　　　　　　（C）$\dfrac{1}{2} - \mathrm{e}^{-1}$ 　　　　　　（D）$1 - \mathrm{e}^{-1}$

【解析】 $P\{X = 1\} = F(1) - \lim\limits_{x \to 1^-} F(x) = (1 - \mathrm{e}^{-1}) - \dfrac{1}{2} = \dfrac{1}{2} - \mathrm{e}^{-1}$. 选（C）.

【例 2.3】 下列函数中,可以作为随机变量的分布函数的是（　　）.

（A）$F(x) = \dfrac{1}{1+x^2}$ 　　　　　　　　　　（B）$F(x) = \dfrac{3}{4} + \dfrac{1}{2\pi} \arctan x$

（C）$F(x) = \begin{cases} 0, & x \leqslant 0 \\ \dfrac{x}{1+x}, & x > 0 \end{cases}$ 　　　　　　（D）$F(x) = \dfrac{2}{\pi} \arctan x + 1$

【解析】 选项（C）满足分布函数的性质,其余选项都不满足.偶函数 $\dfrac{1}{1+x^2}$ 不是单调不减

函数;$\lim\limits_{x \to -\infty} \left(\dfrac{3}{4} + \dfrac{1}{2\pi} \arctan x\right) = \dfrac{3}{4} + \dfrac{1}{2\pi} \cdot \left(-\dfrac{\pi}{2}\right) = \dfrac{1}{2}$;$\lim\limits_{x \to +\infty} \left(\dfrac{2}{\pi} \arctan x + 1\right) = \dfrac{2}{\pi} \cdot \dfrac{\pi}{2} + 1 = 2$.

选（C）.

二、离散型随机变量

1. 离散型随机变量

1) 离散型随机变量的分布律

全部可能的取值为有限个或可列无限个的随机变量,称为离散型随机变量. 设 X 全部可能的取值为 $x_1, x_2, \cdots, x_k, \cdots, X$ 取各个值 x_k 的概率为

$$P\{X = x_k\} = p_k (k = 1, 2, \cdots)$$

其中,$p_k \geqslant 0, \sum_{k=1}^{\infty} p_k = 1$. 称 $P\{X = x_k\} = p_k (k = 1, 2, \cdots)$ 为随机变量 X 的分布律,也可记为

X	x_1	x_2	x_3	$\cdots$	x_k	$\cdots$
P	p_1	p_2	p_3	$\cdots$	p_k	$\cdots$

2) 离散型随机变量的分布函数

设 X 的分布律 $P\{X = x_k\} = p_k (k = 1, 2, \cdots)$,不妨设 $x_1 < x_2 < x_3 < \cdots < x_n < x_{n+1} < \cdots$,则

$$F(x) = \begin{cases} 0, & x < x_1 \\ p_1, & x_1 \leqslant x < x_2 \\ p_1 + p_2, & x_2 \leqslant x < x_3 \\ \cdots \\ p_1 + p_2 + \cdots + p_n, & x_n \leqslant x < x_{n+1} \\ \cdots \end{cases}$$

【例 2.4】 10 件产品中有 2 件次品,现任取 3 件,以 X 表示取到的次品数,求 X 的分布律.

【解析】 依题意,X 的可能取值为 $0, 1, 2$,有

$$P\{X = 0\} = \frac{C_8^3}{C_{10}^3} = \frac{7}{15}$$

$$P\{X = 1\} = \frac{C_2^1 C_8^2}{C_{10}^3} = \frac{7}{15}$$

$$P\{X = 2\} = 1 - P\{X = 0\} - P\{X = 1\} = \frac{1}{15}$$

【例 2.5】 已知随机变量 X 的分布律为

$$P\{X = 1\} = 0.2, \quad P\{X = 2\} = 0.3, \quad P\{X = 3\} = 0.5$$

试写出其分布函数 $F(x)$.

【解析】 分布函数 $F(x)$ 的自变量 x 的分段点为 $x = 1, 2, 3$.

当 $x < 1$ 时,$F(x) = 0$;

当 $1 \leqslant x < 2$ 时,$F(x) = P\{X \leqslant x\} = P\{X = 1\} = 0.2$;

当 $2 \leqslant x < 3$ 时,$F(x) = P\{X \leqslant x\} = P\{X = 1\} + P\{X = 2\} = 0.2 + 0.3 = 0.5$;

当 $x \geqslant 3$ 时,$F(x) = 1$. 则 $F(x) = \begin{cases} 0, & x < 1, \\ 0.2, & 1 \leqslant x < 2, \\ 0.5, & 2 \leqslant x < 3, \\ 1, & x \geqslant 3. \end{cases}$

【注】 分布函数 $F(x)$ 的图像如图所示,其呈阶梯状.离散型随机变量的分布函数图像一般呈阶梯状,随机变量 X 的可能取值即为 $F(x)$ 的分段点.

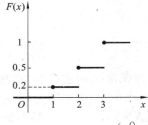

【例 2.6】 设随机变量 X 的分布函数为 $F(x)=\begin{cases} 0, & x<-1, \\ 0.4, & -1\leqslant x<1, \\ 0.8, & 1\leqslant x<3, \\ 1, & x\geqslant 3. \end{cases}$ 求 X 的分布律.

【解析】 根据分布函数 $F(x)$ 的分段点就是随机变量 X 的可能取值知,X 的可能取值为 $-1,1,3$,则

$$P\{X=-1\}=F(-1)-\lim_{x\to -1^-}F(x)=0.4-0=0.4$$
$$P\{X=1\}=F(1)-\lim_{x\to 1^-}F(x)=0.8-0.4=0.4$$
$$P\{X=3\}=1-0.4-0.4=0.2$$

2. 常见的离散型分布

1) 0-1 分布
随机变量 X 只有两个可能的取值 0 和 1,其分布律为

X	0	1
P	$1-p$	p

或 $P\{X=k\}=p^k(1-p)^{1-k}(0<p<1),k=0,1$;称 X 服从 0-1 分布.

2) 二项分布
设随机事件 A 在每次试验中出现的概率是 $p(0<p<1)$,随机变量 X 表示 n 重伯努利试验中 A 发生的次数,称 X 服从参数为 n,p 的二项分布,记为 $X\sim B(n,p)$,其分布律为
$$P\{X=k\}=C_n^k p^k(1-p)^{n-k} \quad (k=0,1,\cdots,n)$$

【例 2.7】 设随机变量 X 服从参数为 $(2,p)$ 的二项分布,随机变量 Y 服从参数为 $(3,p)$ 的二项分布.若 $P\{X\geqslant 1\}=\dfrac{5}{9}$,则 $P\{Y\geqslant 1\}=$_____.

【解析】 $P\{X\geqslant 1\}=1-P\{X=0\}=1-(1-p)^2=\dfrac{5}{9}$,得 $p=\dfrac{1}{3}$;所以

$$P\{Y\geqslant 1\}=1-P\{Y=0\}=1-(1-p)^3=\dfrac{19}{27}.$$

【例 2.8】 设随机变量 X 的分布律为

X	0	1	2
P	$\dfrac{1}{3}$	$\dfrac{1}{6}$	$\dfrac{1}{2}$

现对 X 进行三次独立观测,求至少有两次观测值大于 1 的概率.

【解析】 设观测值大于 1 的次数为 Y,则 $Y \sim B(3, \frac{1}{2})$;所以

$$P\{Y \geq 2\} = P\{Y = 2\} + P\{Y = 3\} = C_3^2 \left(\frac{1}{2}\right)^2 \cdot \frac{1}{2} + \left(\frac{1}{2}\right)^3 = \frac{1}{2}$$

【注】 二项分布是可以描述的,题目中有时不会直接说明随机变量服从二项分布,需要我们自己判断.而看到"独立观测"、"独立重复试验"时,一般即服从二项分布,然后利用二项分布的分布律公式求解.

3) 泊松分布

设随机变量 X 的概率分布满足 $P\{X = k\} = \frac{\lambda^k e^{-\lambda}}{k!} (\lambda > 0, k = 0, 1, 2, \cdots)$,称 X 服从参数为 λ 的泊松分布,记为 $X \sim P(\lambda)$.

泊松定理:设随机变量序列 $X_n \sim B(n, p_n)$(这里概率 p_n 与 n 有关),若 p_n 满足 $\lim\limits_{n \to +\infty} n p_n = \lambda > 0$($\lambda$ 为常数),则

$$\lim_{n \to +\infty} P\{X = k\} = \lim_{n \to +\infty} C_n^k p^k (1-p)^{n-k} = \frac{\lambda^k}{k!} e^{-\lambda} \quad (k = 0, 1, 2, \cdots)$$

【例 2.9】 设某段时间内汽车通过路口的流量 X 服从泊松分布,已知该时段内没有汽车通过的概率为 $\frac{1}{e}$,则这段时间内至少有两辆汽车通过的概率为_____.

【解析】 由 $P\{X = 0\} = \frac{\lambda^0 e^{-\lambda}}{0!} = \frac{1}{e}$ 得 $\lambda = 1$,所以

$$P\{X \geq 2\} = 1 - P\{X = 0\} - P\{X = 1\} = 1 - \frac{1}{e} - \frac{1}{e} = 1 - \frac{2}{e}$$

4) 几何分布

若 X 的分布律为 $P\{X = k\} = p(1-p)^{k-1} (0 < p < 1, k = 1, 2, \cdots)$,称 X 服从几何分布,记为 $X \sim G(p)$.其背景:设随机事件 A 在每次试验中出现的概率是 $p(0 < p < 1)$,只要 A 出现一次就停止试验,随机变量 X 表示试验次数.

5) 超几何分布

设随机变量 X 的概率分布满足 $P\{X = k\} = \frac{C_M^k C_{N-M}^{n-k}}{C_N^n} (k = 0, 1, 2, \cdots, n)$,其中 N, M, n 都是正整数,且 $n \leq M \leq N$,称 X 服从参数为 N, M 和 n 的超几何分布,记为 $X \sim H(N, M, n)$.其背景:N 件产品中有 M 件次品,从中一次取 n 件产品,X 表示这 n 件产品中的次品数.

三、连续型随机变量

1. 连续型随机变量

1) 概率密度函数

对于随机变量 X 的分布函数 $F(x)$,如果存在非负可积函数 $f(x)$,使得对于任意的实数 x 有

$$F(x) = \int_{-\infty}^{x} f(t) \mathrm{d}t, \quad -\infty < x < +\infty$$

称 X 为连续型随机变量,函数 $f(x)$ 为 X 的概率密度函数(简称密度函数).

2)概率密度函数的性质

(1) 非负性:$f(x) \geqslant 0 (-\infty < x < +\infty)$;

(2) 规范性:$\int_{-\infty}^{+\infty} f(x) \mathrm{d}x = 1$;

(3) 对于任意实数 a 和 $b(a < b)$,有 $P\{a < X \leqslant b\} = \int_a^b f(x) \mathrm{d}x$;

(4) 在 $f(x)$ 的连续点处,有 $F'(x) = f(x)$;

(5) 连续型随机变量的分布函数 $F(x)$ 是连续函数;

(6) 对于连续型随机变量 X,对任意的 $x \in \mathbf{R}$ 都有 $P\{X = x\} = 0$.

【例 2.10】 已知连续型随机变量 X 的密度函数为 $f(x) = \begin{cases} x, & 0 \leqslant x < 1, \\ 2-x, & 1 \leqslant x < a, \\ 0, & \text{其他}. \end{cases}$ 求 a 及分布函数 $F(x)$.

【解析】 利用概率密度函数的规范性有

$$\int_{-\infty}^{+\infty} f(x) \mathrm{d}x = \int_0^1 x \mathrm{d}x + \int_1^a (2-x) \mathrm{d}x = \frac{x^2}{2}\bigg|_0^1 + \left(2x - \frac{x^2}{2}\right)\bigg|_1^a$$
$$= 2a - \frac{a^2}{2} - 1 = 1$$

所以 $a = 2$.

$x < 0$ 时,$F(x) = 0$;

$0 \leqslant x < 1$ 时,有

$$F(x) = \int_0^x t \mathrm{d}t = \frac{x^2}{2}$$

$1 \leqslant x < 2$ 时,有

$$F(x) = \int_0^1 t \mathrm{d}t + \int_1^x (2-t) \mathrm{d}t = 2x - \frac{x^2}{2} - 1$$

$x \geqslant 2$ 时,$F(x) = 1$.

综上所述,最终

$$F(x) = \begin{cases} 0, & x < 0 \\ \dfrac{x^2}{2}, & 0 \leqslant x < 1 \\ 2x - \dfrac{x^2}{2} - 1, & 1 \leqslant x < 2 \\ 1, & x \geqslant 2 \end{cases}$$

【注】 连续型随机变量 X 的概率密度函数 $f(x)$ 的自变量 x 的分段点即为分布函数 $F(x)$ 的分段点,根据分布函数的定义,分段积分计算.

【例 2.11】 设 X_1, X_2 为任意两个连续型随机变量,它们的分布函数分别为 $F_1(x)$ 和 $F_2(x)$,密度函数分别为 $f_1(x)$ 和 $f_2(x)$,则(   ).

(A) $F_1(x) + F_2(x)$ 必为某随机变量的分布函数

(B) $F_1(x) - F_2(x)$ 必为某随机变量的分布函数

(C) $f_1(x) f_2(x)$ 必为某随机变量的密度函数

(D) $\frac{1}{3}f_1(x)+\frac{2}{3}f_2(x)$ 必为某随机变量的密度函数

【解析】 选(D).因为

$$\int_{-\infty}^{+\infty}\left[\frac{1}{3}f_1(x)+\frac{2}{3}f_2(x)\right]dx=\frac{1}{3}\int_{-\infty}^{+\infty}f_1(x)dx+\frac{2}{3}\int_{-\infty}^{+\infty}f_2(x)dx=\frac{1}{3}+\frac{2}{3}=1$$

对于(A)选项:

$$\lim_{x\to+\infty}\left[F_1(x)+F_2(x)\right]=\lim_{x\to+\infty}F_1(x)+\lim_{x\to+\infty}F_2(x)=1+1=2$$

对于(B)选项:

$$\lim_{x\to+\infty}\left[F_1(x)-F_2(x)\right]=\lim_{x\to+\infty}F_1(x)-\lim_{x\to+\infty}F_2(x)=1-1=0$$

对于(C)选项,举反例:$f_1(x)=f_2(x)=\begin{cases}\dfrac{1}{2},&0<x<2,\\0,&\text{其他}.\end{cases}$ 则有

$$\int_{-\infty}^{+\infty}f_1(x)f_2(x)dx=\int_0^2\frac{1}{4}dx=\frac{1}{2}$$

【例 2.12】 设随机变量 X 的概率密度函数为 $f(x)=\begin{cases}2x,&0<x<1,\\0,&\text{其他}.\end{cases}$ 以 Y 表示对 X 的三次独立重复观察中事件 $\left\{X\leqslant\dfrac{1}{2}\right\}$ 出现的次数,则 $P\{Y=2\}=$ _____.

【解析】 依题意,随机变量 Y 服从二项分布,则有

$$P\left\{X\leqslant\frac{1}{2}\right\}=\int_0^{\frac{1}{2}}2xdx=x^2\Big|_0^{\frac{1}{2}}=\frac{1}{4}$$

所以 $Y\sim B\left(3,\dfrac{1}{4}\right)$,则有

$$P\{Y=2\}=C_3^2\cdot\left(\frac{1}{4}\right)^2\cdot\frac{3}{4}=\frac{9}{64}$$

2. 常见的连续型分布

1) 均匀分布

如果随机变量 X 的密度函数 $f(x)=\begin{cases}\dfrac{1}{b-a},&a<x<b,\\0,&\text{其他},\end{cases}$ 则称 X 服从 (a,b) 上的均匀分布,记作 $X\sim U(a,b)$,其中,a,b 是参数. X 的分布函数为 $F(x)=\begin{cases}0,&x\leqslant a,\\\dfrac{x-a}{b-a},&a<x<b,\\1,&x\geqslant b.\end{cases}$

【例 2.13】 设随机变量 K 在 $[0,5]$ 上服从均匀分布,则方程 $4x^2+4Kx+K+2=0$ 有实根的概率为 _____.

【解析】 $P\{\Delta\geqslant0\}=P\{16K^2-16(K+2)\geqslant0\}=P\{K\geqslant2\}+P\{K\leqslant-1\}=\dfrac{5-2}{5}=\dfrac{3}{5}$.

2) 指数分布

如果随机变量 X 的密度函数 $f(x)=\begin{cases}\lambda e^{-\lambda x},&x\geqslant0,\\0,&x<0,\end{cases}$ 其中,参数 $\lambda>0$,则称 X 服从参数为

λ 的指数分布,记作 $X \sim E(\lambda)$. X 的分布函数为 $F(x) = \begin{cases} 1 - e^{-\lambda x}, & x > 0, \\ 0, & x \leqslant 0. \end{cases}$

【例 2.14】 假设随机变量 X 服从参数为 λ 的指数分布,为使 X 落入区间 $(1,2)$ 的概率达到最大,则 $\lambda = $ _____.

【解析】 记 $L(\lambda) = P\{1 < X < 2\} = F(2) - F(1) = (1 - e^{-2\lambda}) - (1 - e^{-\lambda}) = e^{-\lambda} - e^{-2\lambda}$,则

$$L'(\lambda) = -e^{-\lambda} + 2e^{-2\lambda} = 0, \quad \lambda = \ln 2$$

由实际问题可知,此值即为所求.

【例 2.15】 某仪器装有三只独立工作的同型号电子元件,其寿命(单位:小时)都服从同一指数分布,其概率密度函数为

$$f(x) = \begin{cases} \dfrac{1}{600} e^{-\frac{x}{600}}, & x > 0 \\ 0, & x \leqslant 0 \end{cases}$$

试求:在仪器使用的最初 200 小时内,至少有一只电子元件损坏的概率.

【解析】 $\displaystyle\int_0^{200} f(x)\mathrm{d}x = \int_0^{200} \dfrac{1}{600} e^{-\frac{x}{600}} \mathrm{d}x = -e^{-\frac{x}{600}} \Big|_0^{200} = 1 - e^{-\frac{1}{3}}$;设 X 为电子元件损坏的个数,则 $X \sim B(3, 1 - e^{-\frac{1}{3}})$,因此所求概率为

$$P\{X \geqslant 1\} = 1 - P\{X = 0\} = 1 - [1 - (1 - e^{-\frac{1}{3}})]^3 = 1 - e^{-1}$$

3)正态分布

(1)一般正态分布.

如果随机变量 X 的密度函数为 $f(x) = \dfrac{1}{\sqrt{2\pi}\sigma} e^{-\frac{(x-\mu)^2}{2\sigma^2}}$,$-\infty < x < +\infty$,其中,$\mu, \sigma$ 为常数,$\mu \in \mathbf{R}, \sigma > 0$,则称 X 服从参数为 μ 和 σ^2 的正态分布,记作 $X \sim N(\mu, \sigma^2)$.

(2)标准正态分布.

① 定义:$\mu = 0, \sigma = 1$ 时的正态分布称为标准正态分布,记作 $N(0,1)$,其密度函数用 $\varphi(x)$ 表示,分布函数用 $\Phi(x)$ 表示,其中,$\varphi(x) = \dfrac{1}{\sqrt{2\pi}} e^{-\frac{x^2}{2}}$ $(-\infty < x < +\infty)$.

② 性质.

(a) $\varphi(x) = \varphi(-x)$;

(b) $\Phi(-x) = 1 - \Phi(x)$;

(c) $\Phi(0) = \dfrac{1}{2}$;

(d) $P\{|X| \leqslant a\} = 2\Phi(a) - 1$;

(e) 设 $X \sim N(0,1)$,对于给定的 $\alpha(0 < \alpha < 1)$,u_α 满足 $P\{X > u_\alpha\} = \alpha$,则称 u_α 为标准正态分布的上 α 分位点. 由于 $\Phi(u_\alpha) = 1 - \alpha$,因此可以利用标准正态分布表查出 u_α 的值.

【注】 一般正态分布的密度函数图像关于直线 $x = \mu$ 对称,标准正态分布的密度函数图像关于 y 轴对称,为偶函数.若随机变量 $X \sim N(\mu, \sigma^2)$,则 $P\{X \geqslant \mu\} = P\{X \leqslant \mu\} = \dfrac{1}{2}$.

(3)正态分布的标准化.

一般正态分布 $X \sim N(\mu, \sigma^2)$ 可以通过线性变换 $\dfrac{X - \mu}{\sigma} \sim N(0,1)$ 转化为标准正态分布,因此

$$P\{X \leqslant a\} = P\left\{\dfrac{X - \mu}{\sigma} \leqslant \dfrac{a - \mu}{\sigma}\right\} = \Phi\left(\dfrac{a - \mu}{\sigma}\right)$$

【例 2.16】 $X \sim N(\mu, \sigma^2)$，且 $\Phi(3) = 0.9987$，则 $P\{|X - \mu| < 3\sigma\} =$ _____.

【解析】 $P\{|X - \mu| < 3\sigma\} = P\{\mu - 3\sigma < X < \mu + 3\sigma\} = \Phi\left(\dfrac{\mu + 3\sigma - \mu}{\sigma}\right) - \Phi\left(\dfrac{\mu - 3\sigma - \mu}{\sigma}\right)$

$$= \Phi(3) - \Phi(-3) = 2\Phi(3) - 1 = 0.9974$$

【例 2.17】 设随机变量 X 服从正态分布 $N(\mu, \sigma^2)$，且二次方程 $y^2 + 4y + X = 0$ 无实根的概率为 $\dfrac{1}{2}$，则 $\mu =$ _____.

【解析】 $P\{\Delta < 0\} = P\{16 - 4X < 0\} = P\{X > 4\} = \dfrac{1}{2}$，所以 $\mu = 4$.

【例 2.18】 设随机变量 X 与 Y 服从正态分布，且 $X \sim N(\mu, 4^2)$，$Y \sim N(\mu, 5^2)$，记 $p_1 = P\{X \leqslant \mu - 4\}$，$p_2 = P\{Y \geqslant \mu + 5\}$，则（　　）.

(A) 对任何实数 μ，都有 $p_1 = p_2$
(B) 对任何实数 μ，都有 $p_1 < p_2$
(C) 只对 μ 的个别值，有 $p_1 = p_2$
(D) 对任何实数 μ，都有 $p_1 > p_2$

【解析】
$$p_1 = \Phi\left(\dfrac{\mu - 4 - \mu}{4}\right) = \Phi(-1) = 1 - \Phi(1)$$

$$p_2 = 1 - P\{Y < \mu + 5\} = 1 - \Phi\left(\dfrac{\mu + 5 - \mu}{5}\right) = 1 - \Phi(1)$$

所以 $p_1 = p_2$，选（A）.

四、随机变量函数的分布

1. 离散型随机变量函数的分布律

设 X 的分布律为 $P\{X = x_k\} = p_k$，$k = 1, 2, \cdots$，则随机变量 X 的函数 $Y = g(X)$ 的取值 $g(x_k)$ 的概率为 $P\{X = g(x_k)\} = p_k$，$k = 1, 2, \cdots$. 如果 $g(x_k)$ 中出现相同的函数值，则将它们相应的概率之和作为随机变量 $Y = g(X)$ 取该值的概率，就可以得到 $Y = g(X)$ 的分布律.

【例 2.19】 随机变量 X 的分布律为

X	-1	0	1	2
p	$\dfrac{1}{3}$	$\dfrac{1}{4}$	$\dfrac{1}{4}$	$\dfrac{1}{6}$

求 $Y = X^2$ 的分布律.

【解析】 随机变量 Y 的可能取值为 $0, 1, 4$，则有

$$P\{Y = 0\} = P\{X = 0\} = \dfrac{1}{4}$$

$$P\{Y = 1\} = P\{X = 1\} + P\{X = -1\} = \dfrac{1}{3} + \dfrac{1}{4} = \dfrac{7}{12}$$

$$P\{Y = 4\} = P\{X = 2\} = \dfrac{1}{6}$$

所以 Y 的分布律为

Y	0	1	4
P	$\dfrac{1}{4}$	$\dfrac{7}{12}$	$\dfrac{1}{6}$

2. 连续型随机变量函数的概率密度函数

设 X 的概率密度函数为 $f_X(x)$，则 $Y=g(X)$ 的分布函数为

$$F_Y(y)=P\{Y\leqslant y\}=P\{g(X)\leqslant y\}=\int_{g(X)\leqslant y}f_X(x)\mathrm{d}x$$

Y 的概率密度为 $f_Y(y)=F'_Y(y)$.

【例 2.20】 设随机变量 X 服从 $(0,2)$ 上的均匀分布，求 $Y=X^2$ 的概率密度函数.

【解析】 X 的概率密度函数为

$$f_X(x)=\begin{cases}\dfrac{1}{2}, & 0<x<2\\[2mm] 0, & 其他\end{cases}$$

Y 的分布函数为 $F_Y(y)=\{Y\leqslant y\}=\{X^2\leqslant y\}$，则 $y<0$ 时，$F_Y(y)=0$；$0\leqslant y<4$ 时，

$$F_Y(y)=\{-\sqrt{y}\leqslant X\leqslant\sqrt{y}\}=\int_{-\sqrt{y}}^{\sqrt{y}}f_X(x)\mathrm{d}x=\int_0^{\sqrt{y}}\frac{1}{2}\mathrm{d}x=\frac{1}{2}\sqrt{y}$$

$y\geqslant 4$ 时，$F_Y(y)=1$. 因此有

$$F_Y(y)=\begin{cases}0, & y<0\\[2mm]\dfrac{\sqrt{y}}{2}, & 0\leqslant y<4\\[2mm] 1, & y\geqslant 4\end{cases}$$

Y 的概率密度函数为

$$f_Y(y)=F'_Y(y)=\begin{cases}\dfrac{1}{4\sqrt{y}}, & 0<y<4\\[4mm] 0, & 其他\end{cases}$$

【注】 随机变量函数的概率密度函数的相关题目是考试的重点和难点，其基本思路是根据分布函数的定义先求分布函数 $F_Y(y)$，然后再对 $F_Y(y)$ 求导，即得概率密度函数 $f_Y(y)=F'_Y(y)$. 关键在于求分布函数 $F_Y(y)$ 时，y 的分段点的讨论.

随机变量 Y 的分布函数 $F_Y(y)$ 的分段点包含两类：

(1) $Y=g(X)$ 的极值点或者最值点；

(2) 将 X 的概率密度函数 $f_X(x)$ 的分段点代入 $y=g(x)$ 中得的值.

【例 2.21】 设随机变量 X 的概率密度函数为 $f_X(x)=\begin{cases}\mathrm{e}^{-x}, & x>0,\\ 0, & x\leqslant 0.\end{cases}$ 求随机变量 $Y=\mathrm{e}^X$ 的概率密度函数 $f_Y(y)$.

【解析】 Y 的分布函数为 $F_Y(y)=P\{Y\leqslant y\}=P\{\mathrm{e}^X\leqslant y\}$. x 的分段点只有 $x=0$，则 y 的分段点为 $y=1$.

当 $y<1$ 时，$F_Y(y)=0$；当 $y\geqslant 1$ 时，有

$$F_Y(y)=P\{\mathrm{e}^X\leqslant y\}=P\{X\leqslant\ln y\}=\int_0^{\ln y}\mathrm{e}^{-x}\mathrm{d}x=-\left.\mathrm{e}^{-x}\right|_0^{\ln y}=1-\frac{1}{y}$$

因此有

$$F_Y(y)=\begin{cases}0, & y<1\\[2mm] 1-\dfrac{1}{y}, & y\geqslant 1\end{cases}$$

其概率密度函数为

$$f_Y(y) = F_Y'(y) = \begin{cases} 0, & y < 1 \\ \dfrac{1}{y^2}, & y \geqslant 1 \end{cases}$$

五、典型题型

题型一：分布函数的概念及性质

【解题思路总述】 （1）对于分布函数中含有未知参数的题目，一般要利用分布函数的非负性、规范性和右连续性.

（2）对于已知分布函数，求概率的题目，利用分布函数的定义求解. 如：

① $P\{X \leqslant a\} = F(a)$；

② $P\{X > a\} = 1 - P\{X \leqslant a\} = 1 - F(a)$；

③ $P\{a < X \leqslant b\} = P\{X \leqslant b\} - P\{X \leqslant a\} = F(b) - F(a)$.

【例 1】 设 $F_1(x)$ 与 $F_2(x)$ 分别为随机变量 X_1，X_2 的分布函数，为使 $F(x) = aF_1(x) - bF_2(x)$ 是某一随机变量的分布函数，在下列给定的各组数值中应取（　　）.

(A) $a = 3/5, b = -2/5$ 　　　　　　　　(B) $a = 2/3, b = 2/3$

(C) $a = -1/2, b = 3/2$ 　　　　　　　　(D) $a = 1/2, b = -3/2$

【例 2】 设某元件的使用寿命 T（单位：小时）的分布函数为 $F(t) = \begin{cases} 1 - \mathrm{e}^{-\left(\frac{t}{\theta}\right)^m}, & t \geqslant 0, \\ 0, & t < 0, \end{cases}$ 其中，参数 θ, m 均大于零. 计算概率 $P\{T > t\}$ 和 $P\{T > s + t \mid T > t\}$，其中，$t, s > 0$.

题型二：离散型随机变量的分布律、分布函数

【解题思路总述】 求离散型随机变量的分布律和分布函数的思路：

（1）明确随机变量 X 的所有可能的取值；

（2）依题意计算相应的概率；

（3）分类讨论，利用分布函数定义求解分布函数，随机变量 X 的可能取值即为 $F(x)$ 的分段点.

【例 3】 设随机变量 X 只取 1 至 N 间的正整数值 n，且 $P\{X = n\}$ 与 N 成反比，则 X 的分布律为_____.

【例 4】 一袋中装有 5 只球，编号为 1,2,3,4,5. 在袋中同时取 3 只球，以 X 表示取出的 3 只球中的最大号码，求随机变量 X 的分布律和分布函数.

题型三：连续型随机变量的概率密度函数、分布函数

【解题思路总述】 （1）连续型随机变量 X 的概率密度函数 $f(x)$ 必须要满足非负性与规范性；

（2）理解连续型随机变量分布函数 $F(x) = \int_{-\infty}^{x} f(t)\mathrm{d}t$ 的几何意义，数形结合，利用面积求解；

(3) 利用分布函数的定义求分布函数时,x 的分段点即为概率密度函数 $f(x)$ 的自变量的分段点.

【例5】 下列函数中可以作为连续型随机变量 X 的密度函数的是( ).

(A) $f(x) = \begin{cases} \sin x, & \pi \leqslant x \leqslant \dfrac{3\pi}{2} \\ 0, & \text{其他} \end{cases}$
(B) $g(x) = \begin{cases} -\sin x, & \pi \leqslant x \leqslant \dfrac{3\pi}{2} \\ 0, & \text{其他} \end{cases}$

(C) $\varphi(x) = \begin{cases} \cos x, & \pi \leqslant x \leqslant \dfrac{3\pi}{2} \\ 0, & \text{其他} \end{cases}$
(D) $h(x) = \begin{cases} 1-\cos x, & \pi \leqslant x \leqslant \dfrac{3\pi}{2} \\ 0, & \text{其他} \end{cases}$

【例6】 设随机变量 X 的密度函数 $f(x)$ 为偶函数,$F(x)$ 是 X 的分布函数,则对任意实数 a,有( ).

(A) $F(-a) = 1 - \displaystyle\int_0^a f(x)\mathrm{d}x$
(B) $F(-a) = \dfrac{1}{2} - \displaystyle\int_0^a f(x)\mathrm{d}x$

(C) $F(-a) = F(a)$
(D) $F(-a) = 2F(a) - 1$

【例7】 设随机变量 X 的密度函数 $f(x)$ 满足 $f(1+x) = f(1-x)$,且 $\displaystyle\int_0^2 f(x)\mathrm{d}x = 0.6$,则 $P\{X \leqslant 0\} = ($).

(A) 0.2　　　　(B) 0.3　　　　(C) 0.4　　　　(D) 0.5

【例8】 设随机变量 X 的密度函数为 $f(x) = \begin{cases} ax+b, & 0 < x < 1 \\ 0, & \text{其他} \end{cases}$.又已知 $P\left\{X < \dfrac{1}{3}\right\} = P\left\{X > \dfrac{1}{3}\right\}$,求:

(1) 常数 a,b;

(2) 分布函数 $F(x)$;

(3) $P\left\{\dfrac{1}{4} < X < \dfrac{1}{2}\right\}$.

题型四:常见的分布

【解题思路总述】 熟练掌握几种重要分布的分布律、概率密度函数等,特别是正态分布的概率密度函数及相关性质.

【例9】 设随机变量 Y 服从参数为1的指数分布,a 为常数且大于零,则 $P\{Y \leqslant a+1 | Y > a\} = $ _____.

【例10】 设 $f_1(x)$ 为标准正态分布的概率密度函数,$f_2(x)$ 为 $[-1,3]$ 上均匀分布的概率密度函数,若 $f(x) = \begin{cases} af_1(x), & x \leqslant 0 \\ bf_2(x), & x > 0 \end{cases}$ $(a > 0, b > 0)$ 为概率密度函数,则 a,b 应满足( ).

(A) $2a + 3b = 4$　　(B) $3a + 2b = 4$　　(C) $a + b = 1$　　(D) $a + b = 2$

【例11】 设随机变量 X 服从正态分布 $N(\mu_1, \sigma_1^2)$,Y 服从正态分布 $N(\mu_2, \sigma_2^2)$,且 $P\{|X - \mu_1| < 1\} > P\{|Y - \mu_2| < 1\}$,则必有( ).

(A) $\sigma_1 < \sigma_2$　　(B) $\sigma_1 > \sigma_2$　　(C) $\mu_1 < \mu_2$　　(D) $\mu_1 > \mu_2$

【例12】 设随机变量 X 在 $(1,4)$ 上服从均匀分布,现在对 X 进行3次独立观察,则至少有2次观察值大于2的概率为_____.

题型五:随机变量函数的概率分布

【解题思路总述】 求随机变量 $Y=g(X)$ 的概率密度的方法如下.

(1) 找随机变量 Y 的分布函数 $F_Y(y)$ 的分段点:

① $Y=g(X)$ 的极值点或者最值点;

② 将 X 的概率密度函数 $f_X(x)$ 的分段点代入 $y=g(x)$ 中得的值.

(2) 根据分布函数的定义求分布函数 $F_Y(y)$,注意积分时不同积分区间对应不同的 X 的概率密度函数值.

(3) 对 $F_Y(y)$ 求导即得概率密度函数 $f_Y(y)$.

【例 13】 设随机变量 X 的概率密度函数为 $f(x)=\begin{cases}\dfrac{x}{2}, & 0<x<2, \\ 0, & \text{其他},\end{cases}$ $F(x)$ 为 X 的分布函数,$E(X)$ 为 X 的数学期望,则 $P\{F(X)>E(X)-1\}=\underline{\qquad}$.

【例 14】 设随机变量 X 的概率密度函数为 $f_X(x)=\dfrac{2}{\sqrt{\pi}}x^2\mathrm{e}^{-x^2}$ $(-\infty<x<+\infty)$. 求 $Y=X^2$ 的概率密度函数.

【例 15】 设随机变量 X 的概率密度函数为 $f_X(x)=\begin{cases}\dfrac{1}{2}, & -1<x<0, \\ \dfrac{1}{4}, & 0\leqslant x<2, \\ 0, & \text{其他},\end{cases}$ 令 $Y=X^2$,

$F(x,y)$ 为二维随机变量 (X,Y) 的分布函数.求:

(1) Y 的概率密度函数 $f_Y(y)$;

(2) $F\left(-\dfrac{1}{2},4\right)$.

六、典型题型答案

题型一:分布函数的概念及性质

【例 1】 解析:

由分布函数的规范性知: $\lim\limits_{x\to+\infty}F(x)=a-b=1$,其次由单调性可知 $b<0$,选(A).

【例 2】 解析:

$$P\{T>t\}=1-P\{T\leqslant t\}=1-F(t)=\mathrm{e}^{-\frac{t^m}{\theta^m}}$$

$$P\{T>s+t\mid T>t\}=\frac{P\{T>s+t\}}{P\{T>t\}}=\frac{1-F(s+t)}{1-F(t)}=\mathrm{e}^{\frac{t^m-(s+t)^m}{\theta^m}}$$

题型二:离散型随机变量的分布律、分布函数

【例 3】 解析:

设 $P\{X=n\}=\dfrac{k}{N}$，$n=1,2,\cdots,N$，由规范性 $\displaystyle\sum_{n=1}^{N}P\{X=n\}=1$ 得 $k=1$，所以 $P\{X=n\}=\dfrac{1}{N}$，$n=1,2,\cdots,N$.

【例4】 解析：

依题意，X 的可能取值为 $3,4,5$，则有

$$P\{X=3\}=\frac{1}{C_5^3}=\frac{1}{10}$$

$$P\{X=4\}=\frac{C_3^2}{C_5^3}=\frac{3}{10}$$

$$P\{X=5\}=\frac{C_4^2}{C_5^3}=\frac{3}{5}$$

当 $x<3$ 时，$F(x)=0$；当 $3\leqslant x<4$ 时，有

$$F(x)=P\{X\leqslant x\}=P\{X=3\}=\frac{1}{10}$$

当 $4\leqslant x<5$ 时，有

$$F(x)=P\{X\leqslant x\}=P\{X=3\}+P\{X=4\}=\frac{1}{10}+\frac{3}{10}=\frac{2}{5}$$

当 $x\geqslant 5$ 时，$F(x)=1$.

所以有

$$F(x)=\begin{cases} 0, & x<3 \\ \dfrac{1}{10}, & 3\leqslant x<4 \\ \dfrac{2}{5}, & 4\leqslant x<5 \\ 1, & x\geqslant 5 \end{cases}$$

题型三：连续型随机变量的概率密度函数、分布函数

【例5】 解析：

只有（B）满足密度函数的性质．对于（A），（C）：$\sin x\leqslant 0$，$\cos x\leqslant 0$；对于（D）：$\displaystyle\int_{\pi}^{\frac{3\pi}{2}}(1-\cos x)\mathrm{d}x\neq 1$．故选（B）．

【例6】 解析：

这里可以借助标准正态分布的性质 $\Phi(x)+\Phi(-x)=1$，$\Phi(0)=\dfrac{1}{2}$，则有：

$$F(-a)=1-F(a)=1-\int_{-\infty}^{a}f(x)\mathrm{d}x=1-\left(\int_{0}^{a}f(x)\mathrm{d}x+\int_{-\infty}^{0}f(x)\mathrm{d}x\right)$$

$$=\frac{1}{2}-\int_{0}^{a}f(x)\mathrm{d}x$$

故选（B）．

【例7】 解析：

由 $f(1+x)=f(1-x)$ 可知，$f(x)$ 的图像关于 $x=1$ 对称，因此有：

$$\int_{-\infty}^{1}f(x)\mathrm{d}x=\int_{1}^{+\infty}f(x)\mathrm{d}x=0.5$$

$$\int_0^1 f(x)\,\mathrm{d}x = \int_1^2 f(x)\,\mathrm{d}x = 0.3$$

从而

$$P\{X \leqslant 0\} = \int_{-\infty}^0 f(x)\,\mathrm{d}x = \int_{-\infty}^1 f(x)\,\mathrm{d}x - \int_0^1 f(x)\,\mathrm{d}x = 0.2$$

故选(A).

【例 8】 解析：

因为 $f(x)$ 是 X 的密度函数,且 $P\left\{X < \dfrac{1}{3}\right\} = P\left\{X > \dfrac{1}{3}\right\}$,所以 $\displaystyle\int_{-\infty}^{+\infty} f(x)\,\mathrm{d}x = 1$,即 $\displaystyle\int_0^1 (ax+b)\,\mathrm{d}x = 1$,得

$$\frac{a}{2} + b = 1 \qquad\qquad ①$$

且

$$\int_0^{\frac{1}{3}} (ax+b)\,\mathrm{d}x = \int_{\frac{1}{3}}^1 (ax+b)\,\mathrm{d}x$$

即

$$\frac{7a}{18} + \frac{b}{3} = 0 \qquad\qquad ②$$

联立①,②,解得 $a = -3/2, b = 7/4$. 所以有

$$f(x) = \begin{cases} -\dfrac{3}{2}x + \dfrac{7}{4}, & 0 < x < 1 \\ 0, & \text{其他} \end{cases}$$

当 $x < 0$ 时,$F(x) = 0$;当 $0 \leqslant x < 1$ 时,有

$$F(x) = \int_{-\infty}^x f(x)\,\mathrm{d}x = \int_{-\infty}^0 0\,\mathrm{d}x + \int_0^x \left(-\frac{3x}{2} + \frac{7}{4}\right)\mathrm{d}x = -\frac{3}{4}x^2 + \frac{7}{4}x$$

当 $x \geqslant 1$ 时,有

$$F(x) = \int_{-\infty}^x f(x)\,\mathrm{d}x = \int_0^1 \left(-\frac{3x}{2} + \frac{7}{4}\right)\mathrm{d}x + \int_1^x 0\,\mathrm{d}x = 1$$

所以有

$$F(x) = \begin{cases} 0, & x < 0 \\ -\dfrac{3}{4}x^2 + \dfrac{7}{4}x, & 0 \leqslant x < 1 \\ 1, & x \geqslant 1 \end{cases}$$

$$P\left\{\frac{1}{4} < X < \frac{1}{2}\right\} = F\left(\frac{1}{2}\right) - F\left(\frac{1}{4}\right) = \frac{19}{64}$$

题型四:常见的分布

【例 9】 解析：

由题意得:

$$P\{Y \leqslant a+1 \mid Y > a\} = \frac{P\{a < Y \leqslant a+1\}}{P\{Y > a\}} = \frac{\displaystyle\int_a^{a+1} \mathrm{e}^{-x}\,\mathrm{d}x}{\displaystyle\int_a^{+\infty} \mathrm{e}^{-x}\,\mathrm{d}x} = 1 - \mathrm{e}^{-1}$$

【例 10】 解析：

由题意得

$$\int_{-\infty}^{+\infty} f(x)\mathrm{d}x = a\int_{-\infty}^{0} f_1(x)\mathrm{d}x + b\int_{0}^{+\infty} f_2(x)\mathrm{d}x = \frac{a}{2} + b\int_{0}^{3} \frac{1}{4}\mathrm{d}x = \frac{a}{2} + \frac{3b}{4} = 1$$

所以 $2a+3b=4$，选（A）.

【例 11】 解析：

由题意得

$$P\{|X-\mu_1|<1\} = \Phi\left(\frac{1}{\sigma_1}\right) - \Phi\left(-\frac{1}{\sigma_1}\right) = 2\Phi\left(\frac{1}{\sigma_1}\right) - 1$$

$$P\{|Y-\mu_2|<1\} = 2\Phi\left(\frac{1}{\sigma_2}\right) - 1$$

从而有

$$2\Phi\left(\frac{1}{\sigma_1}\right) - 1 > 2\Phi\left(\frac{1}{\sigma_2}\right) - 1$$

即

$$\Phi\left(\frac{1}{\sigma_1}\right) > \Phi\left(\frac{1}{\sigma_2}\right), \quad \frac{1}{\sigma_1} > \frac{1}{\sigma_2}, \quad \sigma_2 > \sigma_1$$

选（A）.

【例 12】 解析：

设随机变量 Y 表示对 X 的观测值大于 2 的次数，因为 $P\{X>2\}=\dfrac{2}{3}$，所以 $Y\sim B\left(3,\dfrac{2}{3}\right)$，因此有：

$$P\{Y\geqslant 2\} = P\{Y=2\} + P\{Y=3\} = C_3^2\left(\frac{2}{3}\right)^2 \times \frac{1}{3} + \left(\frac{2}{3}\right)^3 = \frac{20}{27}$$

题型五：随机变量函数的概率分布

【例 13】 解析：

由条件可得

$$E(X) = \int_{-\infty}^{+\infty} xf(x)\mathrm{d}x = \int_{0}^{2} \frac{x^2}{2}\mathrm{d}x = \frac{4}{3}$$

由结论"$F(X)\sim U(0,1)$"得

$$P\{F(X)>E(X)-1\} = P\left\{F(X)>\frac{1}{3}\right\} = \frac{2}{3}$$

【例 14】 解析：

$$F_Y(y) = P\{Y\leqslant y\} = P\{X^2\leqslant y\}$$

则 $y\leqslant 0$ 时，$F_Y(y)=0$；$y>0$ 时，有

$$F_Y(y) = P\{-\sqrt{y}\leqslant X\leqslant \sqrt{y}\} = \int_{-\sqrt{y}}^{\sqrt{y}} f(x)\mathrm{d}x = 2\int_{0}^{\sqrt{y}} \frac{2}{\sqrt{\pi}}x^2\mathrm{e}^{-x^2}\mathrm{d}x$$

$$F_Y'(y) = 2 \cdot \frac{2}{\sqrt{\pi}}y\mathrm{e}^{-y} \cdot \frac{1}{2\sqrt{y}} = \frac{2}{\sqrt{\pi}}\sqrt{y}\mathrm{e}^{-y}$$

所以其概率密度函数为

$$f_Y(y) = \begin{cases} \dfrac{2}{\sqrt{\pi}} \sqrt{y} \mathrm{e}^{-y}, & y > 0 \\ 0, & y \leqslant 0 \end{cases}$$

【例 15】 解析：

（1）$F_Y(y) = P\{Y \leqslant y\} = P\{X^2 \leqslant y\}$，则 $y \leqslant 0$ 时，$F_Y(y) = 0$；$y > 0$ 时，有

$$F_Y(y) = P\{-\sqrt{y} \leqslant X \leqslant \sqrt{y}\} = \int_{-\sqrt{y}}^{\sqrt{y}} f(x)\mathrm{d}x$$

$0 < y < 1$ 时，有

$$F_Y(y) = \int_{-\sqrt{y}}^{0} \frac{1}{2}\mathrm{d}x + \int_{0}^{\sqrt{y}} \frac{1}{4}\mathrm{d}x = \frac{3\sqrt{y}}{4}$$

$1 \leqslant y < 4$ 时，有

$$F_Y(y) = \int_{-1}^{0} \frac{1}{2}\mathrm{d}x + \int_{0}^{\sqrt{y}} \frac{1}{4}\mathrm{d}x = \frac{2 + \sqrt{y}}{4}$$

$y \geqslant 4$ 时，$F_Y(y) = 1$；

综上所述，有

$$f_Y(y) = \begin{cases} \dfrac{3}{8\sqrt{y}}, & 0 < y < 1 \\ \dfrac{1}{8\sqrt{y}}, & 1 \leqslant y < 4 \\ 0, & 其他 \end{cases}$$

（2）由二维随机变量分布函数定义可得

$$F\left(-\frac{1}{2}, 4\right) = P\left\{X \leqslant -\frac{1}{2}, Y \leqslant 4\right\} = P\left\{X \leqslant -\frac{1}{2}, X^2 \leqslant 4\right\} = P\left\{-2 \leqslant X \leqslant -\frac{1}{2}\right\}$$

$$= \int_{-2}^{-\frac{1}{2}} f_X(x)\mathrm{d}x = \int_{-2}^{-1} 0\mathrm{d}x + \int_{-1}^{-\frac{1}{2}} \frac{1}{2}\mathrm{d}x = \frac{1}{4}$$

第三章　多维随机变量及其分布

多维随机变量及其分布　二维离散型随机变量的概率分布　边缘分布和条件分布　二维连续型随机变量的概率密度　二维边缘概率密度和条件概率密度　随机变量的独立性和不相关性　常用二维随机变量的分布　多维随机变量函数的分布

1. 理解多维随机变量的概念,理解多维随机变量的概率分布的概念和性质. 理解二维离散型随机变量的概率分布、边缘分布和条件分布,理解二维连续型随机变量的概率分布、边缘分布和条件分布,会求与二维随机变量相关的事件的概率.

2. 理解随机变量的独立性及不相关性的概念,掌握随机变量相互独立的条件.

3. 掌握二维均匀分布,了解二维正态分布的概率密度函数,理解其中参数的意义.

4. 会求两个随机变量简单函数的分布,会求多个相互独立随机变量简单函数的分布.

一、二维随机变量及其分布函数

1. 二维随机变量的定义

设 $X=X(\omega)$, $Y=Y(\omega)$ 是定义在样本空间 $\Omega=\{\omega\}$ 上的两个随机变量,称向量 (X,Y) 为二维随机变量.

2. 联合分布函数的定义

设 (X,Y) 是二维随机变量,对于任意实数 x,y,称二元函数
$$F(x,y)=P\{X\leqslant x,Y\leqslant y\}, \quad x\in\mathbf{R}, \quad y\in\mathbf{R}$$
为二维随机变量 (X,Y) 的联合分布函数,简称分布函数,它表示随机事件 $\{X\leqslant x\}$ 与 $\{Y\leqslant y\}$ 同时发生的概率.

3. 联合分布函数的性质

(1) 非负性:对于任意实数 $x,y\in\mathbf{R}$, $0\leqslant F(x,y)\leqslant 1$;

(2) 规范性: $\lim\limits_{x\to-\infty}F(x,y)=0$, $\lim\limits_{y\to-\infty}F(x,y)=0$, $\lim\limits_{\substack{x\to+\infty\\y\to+\infty}}F(x,y)=1$;

(3) 单调不减性: $F(x,y)$ 分别关于 x 和 y 单调不减;

(4) 右连续性: $F(x,y)$ 分别关于 x 和 y 右连续,即
$$F(x+0,y)=F(x,y), \quad F(x,y+0)=F(x,y)$$

4. 二维随机变量的边缘分布函数

设二维随机变量(X,Y)的分布函数为$F(x,y)$，则分别称

$$F_X(x) = \lim_{y \to +\infty} F(x,y) = P\{X \leqslant x, Y < +\infty\} = P\{X \leqslant x\}$$

$$F_Y(y) = \lim_{x \to +\infty} F(x,y) = P\{Y \leqslant y, X < +\infty\} = P\{Y \leqslant y\}$$

为二维随机变量(X,Y)关于X和Y的边缘分布函数.

【例 3.1】 设二维随机变量(X,Y)的分布函数为

$$F(x,y) = \begin{cases} (1-e^{-2x})(1-e^{-y}), & x>0, y>0 \\ 0, & 其他 \end{cases}$$

试求$F_X(x), F_Y(y)$.

【解析】 根据边缘分布函数的定义可得

$$F_X(x) = \lim_{y \to +\infty} F(x,y) = \begin{cases} 1-e^{-2x}, & x>0 \\ 0, & x \leqslant 0 \end{cases}$$

$$F_Y(y) = \lim_{x \to +\infty} F(x,y) = \begin{cases} 1-e^{-y}, & y>0 \\ 0, & y \leqslant 0 \end{cases}$$

5. 二维随机变量的独立性

设二维随机变量(X,Y)的分布函数为$F(x,y)$，关于X和Y的边缘分布函数分别为$F_X(x)$和$F_Y(y)$，如果对于任意实数x和y有$F(x,y)=F_X(x)F_Y(y)$，则称随机变量X和Y相互独立.

【例 3.2】 已知一电子仪器由两个部件构成，用X与Y分别表示两个部件的寿命（单位：千小时），已知X与Y的联合分布函数为

$$F(x,y) = \begin{cases} 1-e^{-0.5x}-e^{-0.5y}+e^{-0.5(x+y)}, & x>0, y>0 \\ 0, & 其他 \end{cases}$$

（1）X与Y是否独立？
（2）求两个部件的寿命都超过 100 小时的概率.

【解析】 （1）边缘分布函数为

$$F_X(x) = \lim_{y \to +\infty} F(x,y) = \begin{cases} 1-e^{-0.5x}, & x>0 \\ 0, & 其他 \end{cases}$$

$$F_Y(y) = \lim_{x \to +\infty} F(x,y) = \begin{cases} 1-e^{-0.5y}, & y>0 \\ 0, & 其他 \end{cases}$$

从而有$F(x,y)=F_X(x)F_Y(y)$，因此X与Y独立.

（2）$P\{X>0.1, Y>0.1\} = P\{X>0.1\}P\{Y>0.1\} = [1-P\{X \leqslant 0.1\}][1-P\{Y \leqslant 0.1\}]$
$$= [1-F_X(0.1)][1-F_Y(0.1)] = e^{-0.1}$$

【注】 注意，题干的单位是"千小时"，因此"100 小时"为"0.1 千小时".

二、二维离散型随机变量

1. 二维离散型随机变量的定义

如果二维随机变量(X,Y)所有可能的取值为有限对或无限可列对，则称(X,Y)为二维离

散型随机变量.

2. 联合分布律

设二维离散型随机变量(X,Y)所有可能的取值为$(x_i,y_j)(i,j=1,2,\cdots,n)$,对应的概率为

$$P\{X=x_i,Y=y_j\}=p_{ij}$$

其中,$p_{ij}\geqslant 0$,且$\sum\limits_{i=1}^{+\infty}\sum\limits_{j=1}^{+\infty}p_{ij}=1$,则称其为二维离散型随机变量$(X,Y)$的分布律或随机变量$X$和$Y$的联合分布律.

3. 边缘分布律

设二维离散型随机变量(X,Y)的分布律为$P(X=x_i,Y=y_j)=p_{ij}(i,j=1,2,\cdots,n)$,$X$的边缘分布律为

$$P\{X=x_i\}=P\{X=x_i,Y<+\infty\}=\sum\limits_{j=1}^{+\infty}P\{X=x_i,Y=y_j\}$$

$$=\sum\limits_{j=1}^{\infty}p_{ij}=p_{i.}\quad(i=1,2,\cdots,n)$$

Y的边缘分布律为

$$P\{Y=y_j\}=P\{X<+\infty,Y=y_j\}=\sum\limits_{i=1}^{+\infty}P\{X=x_i,Y=y_j\}$$

$$=\sum\limits_{i=1}^{\infty}p_{ij}=p_{.j}\quad(j=1,2,\cdots,n)$$

4. 条件分布律

设二维离散型随机变量(X,Y)的分布律为$P\{X=x_i,Y=y_j\}=p_{ij}(i,j=1,2,\cdots,n)$.

(1) 对于给定的j,如果$P\{Y=y_j\}>0(j=1,2,\cdots,n)$,则称

$$P\{X=x_i\mid Y=y_j\}=\frac{P\{X=x_i,Y=y_j\}}{P\{Y=y_j\}}=\frac{p_{ij}}{p_{.j}}$$

为在$Y=y_j$条件下随机变量X的条件分布律.

(2) 对于给定的i,如果$P\{X=x_i\}>0(i=1,2,\cdots,n)$,则称

$$P\{Y=y_j\mid X=x_i\}=\frac{P\{X=x_i,Y=y_j\}}{P\{X=x_i\}}=\frac{p_{ij}}{p_{i.}}$$

为在$X=x_i$条件下随机变量Y的条件分布律.

5. 离散型随机变量的独立性

对于二维离散型随机变量(X,Y),X和Y相互独立的充分必要条件是

$$P\{X=x_i,Y=y_j\}=P\{X=x_i\}P\{Y=y_j\}\quad(i,j=1,2,\cdots,n)$$

即$p_{ij}=p_{i.}\,p_{.j}$.

【例3.3】 甲、乙两人独立地各进行两次射击,设甲的命中率为0.2,乙的命中率为0.5,以X和Y分别表示甲和乙的命中次数,试求(X,Y)的联合概率分布.

【解析】 容易知道$X\sim B(2,0.2)$,$Y\sim B(2,0.5)$,由独立性知

$$P\{X=i,Y=j\}=P\{X=i\}\{Y=j\}=C_2^i\times(0.2)^i\times(0.8)^{2-i}\cdot C_2^j\times(0.5)^j\times(0.5)^{2-j}$$
$$=0.25C_2^iC_2^j\times(0.2)^i\times(0.8)^{2-i}\quad(i,j=1,2)$$

【例 3.4】 某箱装有 100 件产品,其中一、二和三等品分别有 80、10 和 10 件,现从中随机

抽取一件,记 $X_i=\begin{cases}1, & \text{若抽到 }i\text{ 等品,}\\ 0, & \text{其他,}\end{cases}$ $i=1,2,3$,试求 X_1 与 X_2 的联合分布律.

【解析】 易知 $P\{X_1=1\}=0.8$,$P\{X_2=1\}=0.1$,又 $P\{X_1=1,X_2=1\}=0$,所以

X_1 \ X_2	0	1
0	0.1	0.1
1	0.8	0

【例 3.5】 已知随机变量 X_1 和 X_2 的概率分布为

$$X_1\sim\begin{bmatrix}-1 & 0 & 1\\ \dfrac{1}{4} & \dfrac{1}{2} & \dfrac{1}{4}\end{bmatrix},\quad X_2\sim\begin{bmatrix}0 & 1\\ \dfrac{1}{2} & \dfrac{1}{2}\end{bmatrix}$$

且 $P\{X_1X_2=0\}=1$.

(1) 求 X_1 和 X_2 的联合分布.

(2) 问 X_1 和 X_2 是否独立? 为什么?

【解析】 (1) 由 $P\{X_1X_2=0\}=1$ 知 $P\{X_1=-1,X_2=1\}=P\{X_1=1,X_2=1\}=0$,所以

X_1 \ X_2	0	1
-1	$\dfrac{1}{4}$	0
0	0	$\dfrac{1}{2}$
1	$\dfrac{1}{4}$	0

(2) 因为

$$P\{X_1=-1,X_2=0\}=\frac{1}{4}$$

$$P\{X_1=-1\}P\{X_2=0\}=\frac{1}{4}\times\frac{1}{2}=\frac{1}{8}$$

$$P\{X_1=-1,X_2=0\}\neq P\{X_1=-1\}P\{X_2=0\}$$

所以 X_1 和 X_2 不独立.

【例 3.6】 设随机变量 X 与 Y 相互独立,其概率分布分别为

X	-1	1
P	$\dfrac{1}{2}$	$\dfrac{1}{2}$

Y	-1	1
P	$\dfrac{1}{2}$	$\dfrac{1}{2}$

则下列式子正确的是( ).

(A) $X=Y$　　　(B) $P\{X=Y\}=0$　　　(C) $P\{X=Y\}=\dfrac{1}{2}$　　　(D) $P\{X=Y\}=1$

【解析】　$P\{X=Y\}=P\{X=-1,Y=-1\}+P\{X=1,Y=1\}$

$$=P\{X=-1\}P\{Y=-1\}+P\{X=1\}P\{Y=1\}=\frac{1}{2}$$

所以选(C).

三、二维连续型随机变量

1. 联合概率密度函数的定义

设二维随机变量(X,Y)的分布函数为$F(x,y)$,如果存在非负可积的二元函数$f(x,y)$,使得对任意实数x,y,有

$$F(x,y)=\int_{-\infty}^{x}\int_{-\infty}^{y}f(u,v)\mathrm{d}u\mathrm{d}v,\quad x,y\in\mathbf{R}$$

则称(X,Y)为连续型的二维随机变量,函数$f(x,y)$称为二维随机变量(X,Y)的概率密度函数或称为随机变量X和Y的联合概率密度函数.

2. 联合概率密度函数的性质

(1) 非负性:$f(x,y)\geqslant 0$;

(2) 规范性:$\displaystyle\int_{-\infty}^{+\infty}\int_{-\infty}^{+\infty}f(x,y)\mathrm{d}x\mathrm{d}y=1$;

(3) 若$f(x,y)$在点(x,y)处连续,则有$f(x,y)=\dfrac{\partial^2 F(x,y)}{\partial x\partial y}$;

(4) 点(X,Y)落在任一平面D内的概率为

$$P\{(X,Y)\in D\}=\iint\limits_{D}f(x,y)\mathrm{d}\sigma$$

【例3.7】　设二维随机变量(X,Y)的概率密度函数为$f(x,y)=\begin{cases}kx,&0\leqslant x\leqslant y\leqslant 1,\\0,&\text{其他}.\end{cases}$

(1) 求常数k;

(2) 计算$P\{X+Y\leqslant 1\}$.

【解析】　(1) $\displaystyle\int_{-\infty}^{+\infty}\int_{-\infty}^{+\infty}f(x,y)\mathrm{d}x\mathrm{d}y=\int_{0}^{1}\mathrm{d}x\int_{x}^{1}kx\mathrm{d}y=\int_{0}^{1}kx(1-x)\mathrm{d}x$

$$=\frac{k}{6}(3x^2-2x^3)\Big|_{0}^{1}=\frac{k}{6}=1$$

所以$k=6$.

(2) $P\{X+Y\leqslant 1\}=\displaystyle\int_{0}^{\frac{1}{2}}\mathrm{d}x\int_{x}^{1-x}6x\mathrm{d}y=\int_{0}^{\frac{1}{2}}6x(1-2x)\mathrm{d}x=\frac{1}{4}$.

3. 边缘概率密度函数

设(X,Y)的概率密度函数为$f(x,y)$,则X的边缘概率密度函数(或简称为X的概率密度函数)为

$$f_X(x) = \int_{-\infty}^{+\infty} f(x,y) \mathrm{d}y$$

Y 的边缘概率密度函数为

$$f_Y(y) = \int_{-\infty}^{+\infty} f(x,y) \mathrm{d}x$$

4. 条件概率密度函数

设二维随机变量 (X,Y) 的概率密度函数为 $f(x,y)$.

(1) 对于给定的实数 y, 边缘概率密度函数 $f_Y(y) > 0$, 则称 $f_{X|Y}(x|y) = \dfrac{f(x,y)}{f_Y(y)}$ 为在条件 $Y = y$ 下 X 的条件概率密度函数.

(2) 对于给定的实数 x, 边缘概率密度函数 $f_X(x) > 0$, 则称 $f_{Y|X}(y|x) = \dfrac{f(x,y)}{f_X(x)}$ 为在条件 $X = x$ 下 Y 的条件概率密度函数.

5. 二维连续型随机变量的独立性

设二维随机变量 (X,Y) 的联合概率密度函数为 $f(x,y)$, 边缘概率密度函数分别为 $f_X(x)$ 和 $f_Y(y)$, 则随机变量 X 和 Y 相互独立的充要条件是: 对一切 x,y 均有 $f(x,y) = f_X(x)f_Y(y)$.

【例 3.8】 设二维随机变量 (X,Y) 的概率密度函数为 $f(x,y) = \begin{cases} \mathrm{e}^{-y}, & 0 < x < y, \\ 0, & \text{其他}. \end{cases}$

(1) 求 X 的概率密度函数 $f_X(x)$.

(2) 求 $P\{X + Y \leqslant 1\}$.

【解析】 (1) $x > 0$, $f_X(x) = \int_x^{+\infty} \mathrm{e}^{-y} \mathrm{d}y = \mathrm{e}^{-x}$, 所以

$$f_X(x) = \begin{cases} \mathrm{e}^{-x}, & x > 0 \\ 0, & x \leqslant 0 \end{cases}$$

(2) $P\{X + Y \leqslant 1\} = \int_0^{\frac{1}{2}} \mathrm{d}x \int_x^{1-x} \mathrm{e}^{-y} \mathrm{d}y = 1 + \mathrm{e}^{-1} - 2\mathrm{e}^{-\frac{1}{2}}$.

【例 3.9】 设 X 和 Y 是两个相互独立的随机变量, X 在 $(0,1)$ 上服从均匀分布, Y 的概率密度函数为 $f_Y(y) = \begin{cases} \dfrac{1}{2}\mathrm{e}^{-\frac{y}{2}}, & y > 0, \\ 0, & \text{其他}. \end{cases}$

(1) 求 (X,Y) 的联合概率密度函数;

(2) 设有一含有 a 的二次方程为 $a^2 + 2Xa + Y = 0$, 求 a 没有实根的概率(用 $\Phi(x)$ 表示).

【解析】 (1) X 的概率密度函数为 $f_X(x) = \begin{cases} 1, & 0 < x < 1, \\ 0, & \text{其他}. \end{cases}$ 由独立性知, (X,Y) 的概率密度函数为

$$f(x,y) = f_X(x)f_Y(y) = \begin{cases} \dfrac{1}{2}\mathrm{e}^{-\frac{y}{2}}, & y > 0, 0 < x < 1 \\ 0, & \text{其他} \end{cases}$$

(2) $P\{4X^2 - 4Y < 0\} = \iint\limits_{x^2 < y} f(x,y)\mathrm{d}x\mathrm{d}y = \int_0^1 \mathrm{d}x \int_{x^2}^{+\infty} \frac{1}{2}\mathrm{e}^{-\frac{y}{2}}\mathrm{d}y = \int_0^1 \mathrm{e}^{-\frac{x^2}{2}}\mathrm{d}x$

$\qquad = \sqrt{2\pi}\int_0^1 \frac{1}{\sqrt{2\pi}}\mathrm{e}^{-\frac{x^2}{2}}\mathrm{d}x = \sqrt{2\pi}\left[\Phi(1) - \frac{1}{2}\right].$

【例 3.10】 设二维随机变量 (X,Y) 的概率密度函数为 $f(x,y) = \begin{cases} 1, & 0<x<1, |y|<x, \\ 0, & \text{其他}. \end{cases}$ 求条件概率密度函数 $f_{Y|X}(y|x), f_{X|Y}(x|y).$

【解析】 $0<x<1$ 时, $f_X(x) = \int_{-x}^{x} 1\mathrm{d}y = 2x$, 从而 X 的概率密度函数为

$$f_X(x) = \begin{cases} 2x, & 0<x<1 \\ 0, & \text{其他} \end{cases}$$

$-1<y<1$ 时, $f_Y(y) = \int_{|y|}^{1} 1\mathrm{d}x = 1-|y|$, 从而 Y 的概率密度函数为

$$f_Y(y) = \begin{cases} 1-|y|, & -1<y<1 \\ 0, & \text{其他} \end{cases}$$

因此, $0<x<1$ 时, 有

$$f_{Y|X}(y|x) = \begin{cases} \dfrac{1}{2x}, & 0<|y|<x<1 \\ 0, & \text{其他} \end{cases}$$

$-1<y<1$ 时, 有

$$f_{X|Y}(x|y) = \begin{cases} \dfrac{1}{1-|y|}, & 0<|y|<x<1 \\ 0, & \text{其他} \end{cases}$$

【例 3.11】 设随机变量 $X \sim U(0,1)$. 当给定 $X=x$ 时, 随机变量 Y 的条件概率密度函数为

$$f_{Y|X}(y|x) = \begin{cases} x, & 0<y<\dfrac{1}{x} \\ 0, & \text{其他} \end{cases}$$

(1) 求 X, Y 的联合概率密度函数 $f(x,y)$;

(2) 求边缘概率密度函数 $f_Y(y)$;

(3) 求 $P\{X>Y\}.$

【解析】 (1) X 的概率密度函数为 $f_X(x) = \begin{cases} 1, & 0<x<1 \\ 0, & \text{其他} \end{cases}$

$0<x<1$ 时, 有

$$f(x,y) = f_X(x)f_{Y|X}(y|x) = \begin{cases} x, & 0<y<\dfrac{1}{x} \\ 0, & \text{其他} \end{cases}$$

因此, 有

$$f(x,y) = \begin{cases} x, & 0<y<\dfrac{1}{x}, 0<x<1 \\ 0, & \text{其他} \end{cases}$$

(2) $0<y<1$ 时,$f_Y(y)=\int_0^1 x\mathrm{d}x=\dfrac{1}{2}$;$y\geqslant 1$ 时,$f_Y(y)=\int_0^{\frac{1}{y}} x\mathrm{d}x=\dfrac{1}{2y^2}$. 从而 Y 的概率密度函数为

$$f_Y(y)=\begin{cases}\dfrac{1}{2y^2}, & y\geqslant 1\\[2mm]\dfrac{1}{2}, & 0<y<1\\[2mm]0, & \text{其他}\end{cases}$$

(3) $P\{X>Y\}=\int_0^1 \mathrm{d}x\int_0^x x\mathrm{d}y=\int_0^1 x^2\mathrm{d}x=\dfrac{1}{3}$.

6. 两个常见的二维连续型随机变量

1) 二维均匀分布

设 G 是平面上有界、可求面积的区域,其面积为 S_G,若二维随机变量 (X,Y) 具有概率密度函数

$$f(x,y)=\begin{cases}\dfrac{1}{S_G}, & (x,y)\in G\\[2mm]0, & (x,y)\notin G\end{cases}$$

则称 (X,Y) 服从区域 G 上的二维均匀分布.

2) 二维正态分布

如果二维连续型随机变量 (X,Y) 的概率密度函数为

$$f(x,y)=\dfrac{1}{2\pi\sigma_1\sigma_2\sqrt{1-\rho^2}}\exp\left\{\dfrac{-1}{2(1-\rho^2)}\left[\dfrac{(x-\mu_1)^2}{\sigma_1^2}-\dfrac{2\rho(x-\mu_1)(y-\mu_2)}{\sigma_1\sigma_2}+\dfrac{(y-\mu_2)^2}{\sigma_2^2}\right]\right\},\quad x,y\in\mathbf{R}$$

其中,$\mu_1,\mu_2,\sigma_1>0,\sigma_2>0,-1<\rho<1$ 均为常数,则称 (X,Y) 服从参数为 $\mu_1,\mu_2,\sigma_1^2,\sigma_2^2$ 和 ρ 的二维正态分布,记作 $(X,Y)\sim N(\mu_1,\mu_2;\sigma_1^2,\sigma_2^2;\rho)$.

二维正态分布具有如下性质.

(1) $X\sim N(\mu_1,\sigma_1^2),Y\sim N(\mu_2,\sigma_2^2)$.

(2) X 与 Y 独立的充分必要条件是 $\rho=0$.

(3) $k_1X+k_2Y(k_1^2+k_2^2\neq 0)$ 仍服从正态分布,且

$$k_1X+k_2Y\sim N(k_1\mu_1+k_2\mu_2,k_1^2\sigma_1^2+k_2^2\sigma_2^2+2k_1k_2\rho\sigma_1\sigma_2)$$

(4) $(k_1X+k_2Y,k_3X+k_4Y)(k_1^2+k_2^2\neq 0,k_3^2+k_4^2\neq 0)$ 仍服从二维正态分布.

【例 3.12】 设平面区域 D 由曲线 $y=\dfrac{1}{x}$ 及直线 $y=0,x=1,x=\mathrm{e}^2$ 所围成,二维随机变量 (X,Y) 在区域 D 上服从均匀分布,则 (X,Y) 关于 X 的边缘概率密度函数在 $x=2$ 处的值为_____.

【解析】 D 的面积 $S=\int_1^{\mathrm{e}^2}\dfrac{1}{x}\mathrm{d}x=2$,所以 (X,Y) 的联合概率密度函数为

$$f(x,y)=\begin{cases}\dfrac{1}{2}, & (x,y)\in D\\[2mm]0, & \text{其他}\end{cases}$$

$1<x<\mathrm{e}^2$ 时,$f_X(x)=\int_0^{\frac{1}{x}}\dfrac{1}{2}\mathrm{d}y=\dfrac{1}{2x}$,所以 $f_X(2)=\dfrac{1}{4}$.

【例 3.13】 设二维随机变量 $(X,Y)\sim N(0,0;1,1;0)$,则概率 $P\left\{\dfrac{X}{Y}<0\right\}$ 为(　　　　).

(A) $\dfrac{1}{4}$　　　　(B) $\dfrac{1}{2}$　　　　(C) $\dfrac{1}{3}$　　　　(D) $\dfrac{1}{2\pi}$

【解析】　易知 $\rho=0$，所以 X 与 Y 独立，且 $X\sim N(0,1),Y\sim N(0,1)$.

$$P\left\{\dfrac{X}{Y}<0\right\}=P\{X>0,Y<0\}+P\{X<0,Y>0\}$$

$$=P\{X>0\}P\{Y<0\}+P\{X<0\}P\{Y>0\}$$

$$=\dfrac{1}{2}\times\dfrac{1}{2}+\dfrac{1}{2}\times\dfrac{1}{2}=\dfrac{1}{2}$$

选(B).

【例 3.14】　设随机变量 (X,Y) 服从二维正态分布，且 X 与 Y 不相关，$f_X(x),f_Y(y)$ 分别表示 X,Y 的概率密度函数，则在 $Y=y$ 条件下，X 的条件概率密度函数 $f_{X|Y}(x|y)$ 为（　　）.

(A) $f_X(x)$　　　　(B) $f_Y(y)$　　　　(C) $f_X(x)f_Y(y)$　　　　(D) $\dfrac{f_X(x)}{f_Y(y)}$

【解析】　随机变量 (X,Y) 服从二维正态分布，且 X 与 Y 不相关，可知它们独立，所以

$$f_{X|Y}(x|y)=\dfrac{f(x,y)}{f_Y(y)}=\dfrac{f_X(x)f_Y(y)}{f_Y(y)}=f_X(x)$$

选(A).

四、多维随机变量函数的分布

1. 二维离散型随机变量函数

已知 (X,Y) 的联合分布律为 $P\{X=x_i,Y=y_j\}=p_{ij}(i,j=1,2,\cdots,n)$. 则 $Z=g(X,Y)$ 的分布律为

$Z=g(X,Y)$	$g(X_1,Y_1)$	$\cdots$	$g(X_i,Y_j)$	$\cdots$
p	p_{11}	$\cdots$	p_{ij}	$\cdots$

【例 3.15】　设相互独立的两个随机变量 X、Y 服从同一分布，且 X 的分布律为

X	0	1
p	$\dfrac{1}{2}$	$\dfrac{1}{2}$

求随机变量 $Z=\max\{X,Y\}$ 的分布律.

【解析】　Z 的取值为 $0,1$：

$$P\{Z=0\}=P\{X=0,Y=0\}=P\{X=0\}P\{Y=0\}=\dfrac{1}{4}$$

$$P\{Z=1\}=1-P\{Z=0\}=\dfrac{3}{4}$$

2. 二维连续型随机变量函数

设二维连续型随机变量 (X,Y) 的概率密度函数为 $f(x,y)$，则 $Z=g(X,Y)$ 的分布函数为

$$F_Z(z) = P\{Z \leqslant z\} = P\{g(X,Y) \leqslant z\} = \iint\limits_{g(x,y) \leqslant z} f(x,y)\mathrm{d}x\mathrm{d}y$$

其概率密度函数为 $f_Z(z) = F'_Z(z)$.

特别地,当 $Z = X + Y$ 时,Z 的概率密度函数为

$$f_Z(z) = \int_{-\infty}^{+\infty} f(x, z-x)\mathrm{d}x \ \text{或} \ f_Z(z) = \int_{-\infty}^{+\infty} f(z-y, y)\mathrm{d}y$$

3. 最大值与最小值分布函数

设 $X_1, X_2, \cdots, X_n$ 相互独立且有同一分布函数 $F(x)$,则 $M = \max\limits_{1 \leqslant i \leqslant n}\{X_i\}$ 的分布函数为 $F_M(z) = F^n(z)$;$N = \min\limits_{1 \leqslant i \leqslant n}\{X_i\}$ 的分布函数为 $F_N(z) = 1 - [1 - F(z)]^n$.

【例 3.16】 设两个相互独立的随机变量 X 和 Y 分别服从正态分布 $N(0,1)$ 和 $N(1,1)$,则( ).

(A) $P\{X+Y \leqslant 0\} = \dfrac{1}{2}$ \qquad\qquad (B) $P\{X+Y \leqslant 1\} = \dfrac{1}{2}$

(C) $P\{X-Y \leqslant 0\} = \dfrac{1}{2}$ \qquad\qquad (D) $P\{X-Y \leqslant 1\} = \dfrac{1}{2}$

【解析】 由独立性可知 $X+Y \sim N(1,2)$,所以 $P\{X+Y \leqslant 1\} = \dfrac{1}{2}$;$X-Y \sim N(-1,2)$,所以 $P\{X-Y \leqslant -1\} = \dfrac{1}{2}$. 选(B).

【例 3.17】 设随机变量 X 与 Y 独立,且均服从 $[0,3]$ 上的均匀分布,则 $P\{\max(X,Y) \leqslant 1\} = $_____,$P\{\min(X,Y) \leqslant 1\} = $_____.

【解析】 $P\{\max(X,Y) \leqslant 1\} = P\{X \leqslant 1, Y \leqslant 1\} = P\{X \leqslant 1\}P\{Y \leqslant 1\} = \dfrac{1}{3} \times \dfrac{1}{3} = \dfrac{1}{9}$

$$P\{\min(X,Y) \leqslant 1\} = 1 - P\{\min(X,Y) > 1\} = 1 - P\{X > 1, Y > 1\}$$

$$= 1 - P\{X > 1\}P\{Y > 1\} = 1 - \dfrac{2}{3} \times \dfrac{2}{3} = \dfrac{5}{9}$$

【例 3.18】 设随机变量 X,Y 独立分布,X 的分布函数为 $F(x)$,则 $Z = \max\{X,Y\}$ 的分布函数为( ).

(A) $F^2(x)$ \qquad\qquad\qquad (B) $F(x)F(y)$

(C) $1 - [1 - F(x)]^2$ \qquad\qquad (D) $[1 - F(x)][1 - F(y)]$

【解析】 Z 是一维随机变量,其分布函数只有一个变量,排除(B),(D),然后再根据最大值分布函数的定义,选(A).

【例 3.19】 设二维随机变量 (X,Y) 的概率密度函数为

$$f(x,y) = \begin{cases} 2-x-y, & 0 < x < 1, 0 < y < 1 \\ 0, & \text{其他} \end{cases}$$

求 $Z = X + Y$ 的概率密度函数 $f_Z(z)$.

【解析】 当 $\begin{cases} 0 < x < 1, \\ 0 < z-x < 1, \end{cases}$ 即 $\begin{cases} 0 < x < 1, \\ z-1 < x < z, \end{cases}$ 时,$f(x, z-x) = 2 - x - (z-x) = 2 - z$,所以 $0 < z < 1$ 时,有

$$f_Z(z) = \int_0^z (2-z)\mathrm{d}x = 2z - z^2$$

$1 \leqslant z < 2$ 时,有

$$f_Z(z) = \int_{z-1}^{1} (2-z)\mathrm{d}x = (z-2)^2$$

因此,最终有

$$f_Z(z) = \begin{cases} 2z - z^2, & 0 < z < 1 \\ (z-2)^2, & 1 \leqslant z < 2 \end{cases}$$

【注】 部分同学可能考虑用分布函数来处理:$0 < z < 1$ 时,其分布函数

$$F_Z(z) = \iint\limits_{\substack{x>0, y>0 \\ x+y \leqslant z}} f(x,y)\mathrm{d}x\mathrm{d}y = \int_0^z \mathrm{d}x \int_0^{z-x} (2-x-y)\mathrm{d}y$$

$1 \leqslant z < 2$ 时,有

$$F_Z(z) = \iint\limits_{\substack{x>0, y>0 \\ x+y \leqslant z}} f(x,y)\mathrm{d}x\mathrm{d}y = 1 - \int_{z-1}^{1} \mathrm{d}x \int_{z-x}^{1} (2-x-y)\mathrm{d}y$$

原则上所有的题目都可以用分布函数法来处理,而且也必须掌握这个方法.但就该题而言,二重积分过于复杂,采用解析中的公式要方便一些.

【例 3.20】 设 X, Y 是相互独立的随机变量,它们都服从正态分布 $N(0, \sigma^2)$,求随机变量 $Z = \sqrt{X^2 + Y^2}$ 的概率密度函数.

【解析】 由独立性可知 X, Y 的联合概率密度函数为

$$f(x,y) = \frac{1}{\sqrt{2\pi}} \mathrm{e}^{-\frac{x^2}{2\sigma^2}} \cdot \frac{1}{\sqrt{2\pi}} \mathrm{e}^{-\frac{y^2}{2\sigma^2}} = \frac{1}{2\pi} \mathrm{e}^{-\frac{x^2+y^2}{2\sigma^2}}$$

则 Z 的分布函数为

$$F_Z(z) = P\{Z \leqslant z\} = P\{\sqrt{X^2 + Y^2} \leqslant z\}$$

$z \leqslant 0$ 时,$F_Z(z) = 0$;$z > 0$ 时,有

$$F_Z(z) = \iint\limits_{x^2+y^2 \leqslant z^2} \frac{1}{2\pi} \mathrm{e}^{-\frac{x^2+y^2}{2\sigma^2}} \mathrm{d}x\mathrm{d}y = \int_0^{2\pi} \mathrm{d}\theta \int_0^z \frac{1}{2\pi} \mathrm{e}^{-\frac{r^2}{2\sigma^2}} \cdot r\mathrm{d}r = \int_0^z r\mathrm{e}^{-\frac{r^2}{2\sigma^2}} \mathrm{d}r$$

所以其概率密度函数为

$$f_Z(z) = F_Z'(z) = \begin{cases} z\mathrm{e}^{-\frac{z^2}{2\sigma^2}}, & z > 0 \\ 0, & z \leqslant 0 \end{cases}$$

【例 3.21】 设随机变量 X 与 Y 独立,其中 X 的概率分布为 $X \sim \begin{pmatrix} 1 & 2 \\ 0.3 & 0.7 \end{pmatrix}$,而 Y 的概率密度函数为 $f(y)$,求随机变量 $U = X + Y$ 的概率密度函数 $g(u)$.

【解析】 U 的分布函数为

$$\begin{aligned} G(u) &= P\{U \leqslant u\} = P\{X + Y \leqslant u\} \\ &= P\{X+Y \leqslant u, X=1\} + P\{X+Y \leqslant u, X=2\} \\ &= P\{Y \leqslant u-1, X=1\} + P\{Y \leqslant u-2, X=2\} \\ &= 0.3 P\{Y \leqslant u-1\} + 0.7 P\{Y \leqslant u-2\} \\ &= 0.3 \int_{-\infty}^{u-1} f(y)\mathrm{d}y + 0.7 \int_{-\infty}^{u-2} f(y)\mathrm{d}y \end{aligned}$$

所以其概率密度函数为

$$g(u) = G'(u) = 0.3 f(u-1) + 0.7 f(u-2)$$

五、典型题型

题型一：二维离散型随机变量的概率分布

【解题思路总述】

(1) 通过表格列举所有可能的取值；

(2) 求解 p_{ij} 的时候，将抽象问题具体化；

(3) 涉及参数及验算时，结合规范性 $\sum\limits_{i=1}^{+\infty}\sum\limits_{j=1}^{+\infty} p_{ij} = 1$；

(4) 必要时写出边缘分布律.

【例 1】　设二维随机变量 (X, Y) 的概率分布为

X \ Y	0	1
0	0.4	a
1	b	0.1

已知随机事件 $\{X=0\}$ 与 $\{X+Y=1\}$ 相互独立，则 a, b 的取值应满足（　　）.

(A) $a=0.2, b=0.3$　　　　　　(B) $a=0.4, b=0.1$

(C) $a=0.3, b=0.2$　　　　　　(D) $a=0.1, b=0.4$

【例 2】　袋中有 1 个红球, 2 个黑球与 3 个白球. 现有放回地从袋中取两次, 每次取一个球, 以 X, Y, Z 分别表示两次取球所取得的红球、黑球与白球的个数.

(1) 求 $P\{X=1 \mid Z=0\}$；

(2) 求二维随机变量 (X, Y) 的概率分布.

题型二：二维连续型随机变量的概率分布

【解题思路总述】

(1) 掌握两种常见的分布（二维均匀分布和二维正态分布）；

(2) 已知联合概率密度函数 $f(x, y)$，可以求：

① $f(x, y)$ 中的参数：

$$\int_{-\infty}^{+\infty} \int_{-\infty}^{+\infty} f(x, y) \mathrm{d}x \mathrm{d}y = 1$$

② 相关事件的概率：

$$P\{(X, Y) \in D\} = \iint\limits_{D} f(x, y) \mathrm{d}x \mathrm{d}y$$

③ 边缘概率密度函数：

$$f_X(x) = \int_{-\infty}^{+\infty} f(x, y) \mathrm{d}y, \quad f_Y(y) = \int_{-\infty}^{+\infty} f(x, y) \mathrm{d}x$$

④ 条件概率密度函数：

$$f_{Y|X}(y \mid x) = \frac{f_Y(y)}{f(x, y)}, \quad f_{X|Y}(x \mid y) = \frac{f_X(x)}{f(x, y)}$$

(3) 求联合概率密度函数 $f(x,y)$:

① 已知边缘概率密度函数和条件概率密度函数:
$$f(x,y)=f_Y(y) \cdot f_{Y|X}(y|x)=f_X(x) \cdot f_{X|Y}(x|y)$$

② X,Y 相互独立: $f(x,y)=f_X(x) \cdot f_Y(y)$.

【例3】 设二维随机变量 (X,Y) 服从于二维正态分布,则下列说法不正确的是( ).

(A) X,Y 一定相互独立

(B) X,Y 的任意非零线性组合 l_1X+l_2Y 服从于一维正态分布

(C) X,Y 分别服从于一维正态分布

(D) 当参数 $\rho=0$ 时,X,Y 相互独立

【例4】 设随机变量 X 和 Y 相互独立,且都服从正态分布 $N(\mu,\sigma^2)$,则 $P\{|X-Y|<1\}$ ( ).

(A) 与 μ 无关,而与 σ^2 有关   (B) 与 μ 有关,而与 σ^2 无关

(C) 与 μ,σ^2 都有关   (D) 与 μ,σ^2 都无关

【例5】 设二维随机变量 (X,Y) 服从 $N\left(0,0;1,4;-\dfrac{1}{2}\right)$,则下列随机变量中服从标准正态分布且与 X 相互独立的是( ).

(A) $\dfrac{\sqrt{5}}{5}(X+Y)$ (B) $\dfrac{\sqrt{5}}{5}(X-Y)$ (C) $\dfrac{\sqrt{3}}{3}(X+Y)$ (D) $\dfrac{\sqrt{3}}{3}(X-Y)$

【例6】 设 (X,Y) 的联合分布函数为
$$F(x,y)=\frac{1}{\pi^2}\left(\arctan x+\frac{\pi}{2}\right)\left(\arctan y+\frac{\pi}{2}\right), \quad -\infty<x,y<+\infty$$

(1) 求边缘分布函数 $F_X(x),F_Y(y)$;

(2) 求边缘密度函数 $f_X(x),f_Y(y)$;

(3) 求联合密度函数 $f(x,y)$.

【例7】 设二维随机变量 (X,Y) 的联合密度函数为
$$f(x,y)=\frac{1}{2\pi}e^{-\frac{1}{2}(x^2+2xy+2y^2)}, \quad -\infty<x,y<+\infty$$

(1) 求边缘概率密度函数 $f_X(x)$;

(2) 求条件概率密度函数 $f_{Y|X}(y|x)$.

【例8】 设二维随机变量 (X,Y) 的概率密度函数为
$$f(x,y)=\begin{cases} e^{-x}, & 0<y<x \\ 0, & \text{其他} \end{cases}$$

(1) 求条件概率密度函数 $f_{Y|X}(y|x)$;

(2) 求条件概率 $P\{X\leq 1|Y\leq 1\}$.

题型三:两个及两个以上随机变量函数的分布

【解题思路总述】

(1) 两个连续型:利用分布函数法即可,前文中的例3.19和例3.20即是.

(2) 两个离散型:利用完备事件组,先将其中一个取值较少的随机变量的所有情况全部列出来,然后再写另一个随机变量的分布律.

(3) 离散+连续:利用完备事件组,将离散型随机变量的所有情况全部列出来,然后写另

一个随机变量的分布函数.

【例9】 设随机变量 X 与 Y 相互独立,且 X 服从标准正态分布 $N(0,1)$,Y 的概率分布为 $P\{Y=0\}=P\{Y=1\}=\dfrac{1}{2}$,记 $F_Z(z)$ 为随机变量 $Z=XY$ 的分布函数,则函数 $F_Z(z)$ 的间断点个数为( ).

(A) 0   (B) 1   (C) 2   (D) 3

【例10】 设随机变量 X_1,X_2,X_3 相互独立,其中,X_1 与 X_2 均服从标准正态分布,X_3 的概率分布为

$$P\{X_3=0\}=P\{X_3=1\}=\frac{1}{2},\quad Y=X_3X_1+(1-X_3)X_2$$

(1) 求二维随机变量 (X_1,Y) 的分布函数,结果用标准正态分布 $\Phi(x)$ 表示;

(2) 证明随机变量 Y 服从标准正态分布.

【例11】 设随机变量 X 与 Y 相互独立,X 的概率分布为 $P\{X=1\}=\dfrac{1}{2}$,$P\{X=-1\}=\dfrac{1}{2}$.Y 服从参数为 λ 的泊松分布.令 $Z=XY$.

(1) 求 $\mathrm{Cov}(X,Z)$;

(2) 求 Z 的概率分布.

【例12】 设随机变量 X 与 Y 相互独立,且 X 的概率分布为 $P\{X=0\}=P\{X=2\}=\dfrac{1}{2}$,$Y$ 的概率密度函数为 $f(y)=\begin{cases}2y, & 0<y<1, \\ 0, & \text{其他}.\end{cases}$

(1) 求 $P\{Y\leqslant E(Y)\}$;

(2) 求 $Z=X+Y$ 的概率密度函数.

【例13】 设随机变量 X 与 Y 相互独立,X 的概率分布为 $P\{X=i\}=\dfrac{1}{3}(i=-1,0,1)$,$Y$ 的概率密度函数为 $f_Y(y)=\begin{cases}1, & 0\leqslant y\leqslant 1, \\ 0, & \text{其他}.\end{cases}$ 记 $Z=X+Y$.

(1) 求 $P\left\{Z\leqslant \dfrac{1}{2}\,\middle|\,X=0\right\}$;

(2) 求 Z 的概率密度函数 $f_Z(z)$.

【例14】 设随机变量 X 与 Y 相互独立,X 服从参数为 1 的指数分布,Y 的概率分布为 $P(Y=-1)=p,P(Y=1)=1-p,0<p<1$,令 $Z=XY$.

(1) 求 Z 的概率密度函数.

(2) p 为何值时,X 与 Z 不相关?

(3) X 与 Z 是否相互独立?

六、典型题型答案

题型一:二维离散型随机变量的概率分布

【例1】 解析:

$$P\{X=0\}=0.4+a$$
$$P\{X+Y=1\}=P\{X=0,Y=1\}+P\{X=1,Y=0\}=a+b$$
$$P\{X=0,X+Y=1\}=P\{X=0,Y=1\}=a$$

由独立性可知$(0.4+a)(a+b)=a$;再由规范性可知$0.4+0.1+a+b=1$;解得$a=0.4,b=0.1$.选(B).

【例2】 解析:

(1) $P\{X=1\mid Z=0\}$表示在没有取到白球的条件下取了一个红球的概率:
$$P\{X=1\mid Z=0\}=\frac{2C_2^1}{C_3^1C_3^1}=\frac{4}{9}$$

(2) X,Y的可能取值为$0,1,2$,则有:
$$P\{X=0,Y=0\}=\frac{C_3^1C_3^1}{C_6^1C_6^1}=\frac{1}{4}, \quad P\{X=1,Y=0\}=\frac{2C_6^1}{C_6^1C_6^1}=\frac{1}{6}$$
$$P\{X=2,Y=0\}=\frac{1}{C_6^1C_6^1}=\frac{1}{36}, \quad P\{X=0,Y=1\}=\frac{2C_2^1C_3^1}{C_6^1C_6^1}=\frac{1}{3}$$
$$P\{X=1,Y=1\}=\frac{2C_2^1}{C_6^1C_6^1}=\frac{1}{9}, \quad P\{X=2,Y=1\}=0$$
$$P\{X=0,Y=2\}=\frac{C_2^1C_2^1}{C_6^1C_6^1}=\frac{1}{9}, \quad P\{X=1,Y=2\}=0, \quad P\{X=2,Y=2\}=0$$

综上,(X,Y)的概率分布为

X \ Y	0	1	2
0	$\frac{1}{4}$	$\frac{1}{3}$	$\frac{1}{9}$
1	$\frac{1}{6}$	$\frac{1}{9}$	0
2	$\frac{1}{36}$	0	0

题型二:二维连续型随机变量的概率分布

【例3】 解析:

选(A).它们不一定相互独立,只有当$\rho=0$时才相互独立.

【例4】 解析:

$X-Y\sim N(0,2\sigma^2)$,所以
$$P\{\mid X-Y\mid<1\}=\Phi\left(\frac{1-0}{\sqrt{2}\sigma}\right)=\Phi\left(\frac{-1-0}{\sqrt{2}\sigma}\right)=2\Phi\left(\frac{1}{\sqrt{2}\sigma}\right)-1$$

选(A).

【例5】 解析:

由二维正态分布的性质可知,选项中的随机变量与X服从二维正态分布,因此独立与不相关等价.

因为$X\sim N(0,1),Y\sim N(0,4),E(XY)=-1$,所以

$$E[X(X+Y)]=E(X^2)+E(XY)=0$$

即 $X+Y$ 与 X 相互独立.

又

$$E\left[\frac{\sqrt{3}}{3}(X+Y)\right]=\frac{1}{\sqrt{3}}[E(X)+E(Y)]=0$$

$$D\left[\frac{\sqrt{3}}{3}(X+Y)\right]=\frac{1}{3}[D(X)+D(Y)+2\rho\sqrt{D(X)\times D(Y)}]=1$$

即 $\frac{\sqrt{3}}{3}(X+Y)\sim N(0,1)$. 选(C).

【例6】 解析:

(1) $F_X(x)=\lim\limits_{y\to+\infty}F(x,y)=\frac{1}{\pi}\left(\arctan x+\frac{\pi}{2}\right)$; $F_Y(y)=\lim\limits_{x\to+\infty}F(x,y)=\frac{1}{\pi}\left(\arctan y+\frac{\pi}{2}\right)$.

(2) $f_X(x)=F'_X(x)=\frac{1}{\pi(1+x^2)}$, $f_Y(x)=F'_Y(x)=\frac{1}{\pi(1+y^2)}$.

(3) 因为 $F(x,y)=F_X(x)F_Y(y)$,所以它们独立,因此

$$f(x,y)=f_X(x)f_Y(x)=\frac{1}{\pi^2(1+x^2)(1+y^2)}$$

【例7】 解析:

(1) $f_X(x)=\int_{-\infty}^{+\infty}\frac{1}{2\pi}e^{-\frac{1}{2}(x^2+2xy+2y^2)}\mathrm{d}y=\frac{1}{2\pi}e^{-\frac{x^2}{4}}\int_{-\infty}^{+\infty}e^{-\left(y-\frac{x}{2}\right)^2}\mathrm{d}y=\frac{1}{2\sqrt{\pi}}e^{-\frac{x^2}{4}}$.

(2) $f_{Y|X}(y|x)=\frac{f(x,y)}{f_X(x)}=\frac{\frac{1}{2\pi}e^{-\frac{1}{2}(x^2+2xy+2y^2)}}{\frac{1}{2\sqrt{\pi}}e^{-\frac{x^2}{4}}}=\frac{1}{\sqrt{\pi}}e^{-\left(y+\frac{x}{2}\right)^2}$.

【例8】 解析:

(1) 边缘概率密度函数为

$$f_X(x)=\int_{-\infty}^{+\infty}f(x,y)\mathrm{d}y=\begin{cases}\int_0^x e^{-x}\mathrm{d}y=xe^{-x}, & x>0 \\ 0, & x\leqslant 0\end{cases}$$

当 $x>0$ 时,条件概率密度函数为

$$f_{Y|X}(y|x)=\frac{f(x,y)}{f_X(x)}=\begin{cases}\frac{1}{x}, & 0<y<x \\ 0, & 其他\end{cases}$$

(2) 由题意得:

$$P\{X\leqslant 1,Y\leqslant 1\}=\int_{-\infty}^{1}\int_{-\infty}^{1}f(x,y)\mathrm{d}x\mathrm{d}y=\int_0^1\mathrm{d}x\int_0^x e^{-x}\mathrm{d}y=1-2e^{-1}$$

$$P\{Y\leqslant 1\}=\int_{-\infty}^{+\infty}\int_{-\infty}^{1}f(x,y)\mathrm{d}x\mathrm{d}y=\int_0^1\mathrm{d}y\int_y^{+\infty}e^{-x}\mathrm{d}x=1-e^{-1}$$

$$P\{X\leqslant 1|Y\leqslant 1\}=\frac{P\{X\leqslant 1,Y\leqslant 1\}}{P\{Y\leqslant 1\}}=\frac{e-2}{e-1}$$

题型三:两个及两个以上随机变量函数的分布

【例9】 解析:

$$F_Z(z) = P\{XY \leqslant z\} = P\{XY \leqslant z, Y=0\} + P\{XY \leqslant z, Y=1\}$$
$$= P\{z \geqslant 0, Y=0\} + P\{X \leqslant z, Y=1\}$$

因为 X 与 Y 相互独立,所以有

$$F_Z(z) = P\{z \geqslant 0\} P\{Y=0\} + P\{X \leqslant z\} P\{Y=1\} = \frac{1}{2} P\{z \geqslant 0\} + \frac{1}{2} \Phi(z)$$

当 $z < 0$ 时,$F_Z(z) = \frac{1}{2} \Phi(z)$;当 $z \geqslant 0$ 时,$F_Z(z) = \frac{1}{2} + \frac{1}{2} \Phi(z)$. 所以 $z=0$ 为间断点,故选 (B).

【例 10】 解析:

(1) (X_1, Y) 的分布函数为

$$F(x,y) = P\{X_1 \leqslant x, Y \leqslant y, X_3=0\} + P\{X_1 \leqslant x, Y \leqslant y, X_3=1\}$$
$$= \frac{1}{2} P\{X_1 \leqslant x\} P\{X_2 \leqslant y\} + \frac{1}{2} P\{X_1 \leqslant x, X_1 \leqslant y\}$$

所以

$$F(x,y) = \begin{cases} \dfrac{1}{2} \Phi(x)[1+\Phi(y)], & x \leqslant y \\[2mm] \dfrac{1}{2} \Phi(y)[1+\Phi(x)], & x > y \end{cases}$$

(2) Y 的分布函数

$$F(y) = P\{Y \leqslant y, X_3=0\} + P\{Y \leqslant y, X_3=1\} = \frac{1}{2} P\{X_2 \leqslant y\} + \frac{1}{2} P\{X_1 \leqslant y\} = \Phi(y)$$

结论得证.

【例 11】 解析:

(1) 因为随机变量 X 的概率分布为 $P\{X=1\} = P\{X=-1\} = \frac{1}{2}$,所以

$$E(X)=0, \quad E(X^2)=1, \quad D(X)=1$$

因为 Y 的分布律为

$$P\{Y=k\} = \frac{\lambda^k e^{-\lambda}}{k!}, k=0,1,\cdots,n,$$

所以 $E(Y)=\lambda$.

因为

$$\mathrm{Cov}(X,Z) = \mathrm{Cov}(X,XY) = E(X^2Y) - E(X)E(XY)$$

且 X 与 Y 相互独立,所以

$$\mathrm{Cov}(X,Z) = E(X^2)E(Y) - E^2(X)E(Y) = D(X)E(Y) = \lambda$$

(2) 利用全概率公式有

$$P\{Z=k\} = P\{XY=k\} = P\{X=1\} P\{XY=k \mid X=1\} + P\{X=-1\} P\{XY=k \mid X=-1\}$$

再由 X 与 Y 相互独立可得:

$$P\{Z=k\} = P\{X=1\} P\{Y=k\} + P\{X=-1\} P\{Y=-k\}$$
$$= \frac{1}{2} [P\{Y=k\} + P\{Y=-k\}]$$

① 当 $k=0$ 时,有

$$P\{Z=0\} = P\{Y=0\} = e^{-\lambda};$$

② 当 k 为正整数时,有

$$P\{Z=k\}=\frac{1}{2}P\{Y=k\}=\frac{\mathrm{e}^{-\lambda}\lambda^k}{2 \cdot k!}$$

③ 当 k 为负整数时,有

$$P\{Z=k\}=\frac{1}{2}P\{Y=-k\}=\frac{\mathrm{e}^{-\lambda}\lambda^{-k}}{2 \cdot (-k)!}$$

综上所述,有

$$P\{Z=k\}=\begin{cases} \mathrm{e}^{-\lambda}, & k=0 \\ \dfrac{\lambda^{|k|}\mathrm{e}^{-\lambda}}{2 \cdot |k|!}, & k=\pm 1,\pm 2\cdots \end{cases}$$

【例 12】 解析:

(1) 由 $E(Y)=\displaystyle\int_0^1 y \cdot 2y\mathrm{d}y=\frac{2}{3}$,得

$$P\{Y\leqslant E(Y)\}=P\left\{Y\leqslant \frac{2}{3}\right\}=\int_0^{\frac{2}{3}}2y\mathrm{d}y=\frac{4}{9}$$

(2) 由题意得:

$$\begin{aligned}
F(z)&=P\{Z\leqslant z\}=P\{X+Y\leqslant z\} \\
&=P\{X=0,X+Y\leqslant z\}+P\{X=2,X+Y\leqslant z\} \\
&=P\{X=0\}P\{Y\leqslant z\}+P\{X=2\}P\{Y\leqslant z-2\} \\
&=\frac{1}{2}P\{Y\leqslant z\}+\frac{1}{2}P\{Y\leqslant z-2\} \\
F'(z)&=\frac{1}{2}[f(z)+f(z-2)]
\end{aligned}$$

所以 Z 的概率密度函数为

$$f_Z(z)=\begin{cases} z, & 0<z<1 \\ z-2, & 2<z<3 \\ 0, & \text{其他} \end{cases}$$

【例 13】 解析:

(1) $P\left\{Z\leqslant \dfrac{1}{2}\Big| X=0\right\}=P\left\{X+Y\leqslant \dfrac{1}{2}\Big| X=0\right\}=P\left\{Y\leqslant \dfrac{1}{2}\right\}=\displaystyle\int_0^{\frac{1}{2}}1\mathrm{d}y=\frac{1}{2}$

(2) 由题意得:

$$\begin{aligned}
F_Z(z)&=P\{Z\leqslant z\}=P\{X+Y\leqslant z\} \\
&=P\{X+Y\leqslant z,X=-1\}+P\{X+Y\leqslant z,X=0\}+P\{X+Y\leqslant z,X=1\} \\
&=P\{Y\leqslant z+1,X=-1\}+P\{Y\leqslant z,X=0\}+P\{Y\leqslant z-1,X=1\} \\
&=\frac{1}{3}[P\{Y\leqslant z+1\}+P\{Y\leqslant z\}+P\{Y\leqslant z-1\}]
\end{aligned}$$

其概率密度函数为

$$f_Z(z)=F'_z(z)=\frac{1}{3}[f_Y(z+1)+f_Y(z)+f_Y(z-1)]=\begin{cases} \dfrac{1}{3}, & -1\leqslant z\leqslant 2 \\ 0, & \text{其他} \end{cases}$$

【例 14】 解析:

(1) Z 的分布函数为 $F_Z(z)=P(XY\leqslant z)=P(Y=-1,X\geqslant -z)+P(Y=1,X\leqslant z)$,因为

X 与 Y 相互独立,且 X 的分布函数为

$$F_X(x) = \begin{cases} 1-e^{-x}, & x>0 \\ 0, & x \leqslant 0 \end{cases}$$

因此有

$$F_Z(z) = p[1-F_X(-z)] + (1-p)F_X(z) = \begin{cases} pe^z, & z<0 \\ p+(1-p)(1-e^{-z}), & z \geqslant 0 \end{cases}$$

所以,Z 的概率密度函数为

$$f_Z(z) = F'_Z(z) = \begin{cases} pe^z, & z<0 \\ (1-p)e^{-z}, & z \geqslant 0 \end{cases}$$

(2) 当 $\text{Cov}(X,Z) = E(XZ) - E(X) \cdot E(Z) = E(X^2) \cdot E(Y) - [E(X)]^2 \cdot E(Y) = D(X) \cdot E(Y) = 0$ 时,X 与 Z 不相关. 因为 $D(X)=1, E(Y)=1-2p$,故 $p = \dfrac{1}{2}$.

(3) 不相互独立. 因为

$$P(0 \leqslant X \leqslant 1, Z \leqslant 1) = P(0 \leqslant X \leqslant 1, XY \leqslant 1) = P(0 \leqslant X \leqslant 1)$$

而

$$P(Z \leqslant 1) = F_Z(1) = p+(1-p)(1-e^{-1}) \neq 1$$

故

$$P(0 \leqslant X \leqslant 1, Z \leqslant 1) \neq P(0 \leqslant X \leqslant 1) \cdot P(Z \leqslant 1)$$

所以 X 与 Z 不相互独立.

第四章　随机变量的数字特征

随机变量的数学期望、方差、标准差的定义及性质　随机变量函数的数学期望　协方差、相关系数和矩的定义及性质

1. 理解随机变量数字特征(数学期望、方差、标准差、矩、协方差、相关系数)的概念,会运用数字特征的基本性质,并掌握常用分布的数字特征.

2. 会求随机变量函数的数学期望.

一、数学期望与方差

1. 数学期望

1）数学期望的定义

数学期望(离散型):设随机变量 X 的分布律为 $P\{X=x_k\}=p_k(k=1,2,\cdots)$,则其数学期望为

$$E(X) = \sum_{k=1}^{\infty} x_k p_k \quad (\text{要求无穷级数绝对收敛})$$

数学期望(连续型):设随机变量 X 的概率密度函数为 $f(x)$,则其数学期望为

$$E(X) = \int_{-\infty}^{+\infty} x f(x) \mathrm{d}x \quad (\text{要求广义积分绝对收敛})$$

2）数学期望的性质

(1) $E(C)=C(C$ 为常数);

(2) $E(CX)=CE(X)$;

(3) $E(X+C)=E(X)+C$;

(4) $E(X+Y)=E(X)+E(Y)$;

(5) 若 X 与 Y 不相关,则 $E(XY)=E(X)E(Y)$.

3）随机变量函数的期望

(1) 一维随机变量函数 $Y=g(X)$:

$$E(Y) = \sum_{k=1}^{\infty} g(x_k) p_k \quad (\text{离散型,要求绝对收敛})$$

$$E(Y) = \int_{-\infty}^{+\infty} g(x) f(x) \mathrm{d}x \quad (\text{连续型,要求绝对收敛})$$

(2) 二维随机变量函数 $Z=g(X,Y)$:

$$E(Z) = \sum_{i=1}^{\infty} \sum_{j=1}^{\infty} g(x_i, y_j) p_{ij} \quad (\text{离散型,要求绝对收敛})$$

$$E(Z) = \int_{-\infty}^{+\infty} \int_{-\infty}^{+\infty} g(x, y) f(x, y) \mathrm{d}x \mathrm{d}y \quad (\text{连续型,要求绝对收敛})$$

2. 方差

1) 方差的定义

$$D(X) = E[X - E(X)]^2 = E(X^2) - E^2(X)$$

其中,$E(X^2) = \sum_{k=1}^{\infty} x_k^2 p_k$(离散型,要求绝对收敛)或 $E(X^2) = \int_{-\infty}^{+\infty} x^2 f(x) \mathrm{d}x$(连续型,要求绝对收敛).方差的算术平方根 $\sqrt{D(X)}$ 称为随机变量 X 的标准差(或均方差).

2) 方差的性质

(1) $D(C) = 0$(C 为常数);

(2) $D(C + X) = D(X)$;

(3) $D(CX) = C^2 D(X)$;

(4) 若 X 与 Y 不相关,则 $D(X \pm Y) = D(X) + D(Y)$.

3. 几种常见分布的数学期望与方差

分 布	分布律或概率密度函数	数学期望	方 差
(0-1)分布	$P\{X=k\} = p^k (1-p)^{1-k}, k=0,1$	p	$p(1-p)$
二项分布	$P\{X=k\} = \mathrm{C}_n^k p^k (1-p)^{n-k}, k=0,1,2,\cdots,n$	np	$np(1-p)$
泊松分布	$P\{X=k\} = \mathrm{e}^{-\lambda} \dfrac{\lambda^k}{k!}, k=0,1,2,\cdots$	λ	λ
几何分布	$P\{X=k\} = p(1-p)^{k-1}, k=1,2,\cdots$	$\dfrac{1}{p}$	$\dfrac{1-p}{p^2}$
均匀分布	$f(x) = \begin{cases} \dfrac{1}{b-a}, & a < x < b \\ 0, & \text{其他} \end{cases}$	$\dfrac{a+b}{2}$	$\dfrac{(b-a)^2}{12}$
指数分布	$f(x) = \begin{cases} \lambda \mathrm{e}^{-\lambda x}, & x > 0 \\ 0, & x \leqslant 0 \end{cases}$	$\dfrac{1}{\lambda}$	$\dfrac{1}{\lambda^2}$
正态分布	$f(x) = \dfrac{1}{\sqrt{2\pi}\sigma} \mathrm{e}^{-\frac{(x-\mu)^2}{2\sigma^2}}$	μ	σ^2

【例 4.1】 盒中有 5 个球,其中有 3 个白球,2 个红球.从中任取两球,求这两球中白球个数 X 的数学期望.

【解析】 $P\{X=0\} = \dfrac{1}{\mathrm{C}_5^2} = 0.1; P\{X=1\} = \dfrac{3 \times 2}{\mathrm{C}_5^2} = 0.6; P\{X=2\} = \dfrac{3}{\mathrm{C}_5^2} = 0.3.$ 因此有:

$$E(X) = 0 \times 0.1 + 1 \times 0.6 + 2 \times 0.3 = 1.2$$

【例 4.2】 设随机变量 X 的概率密度函数为

$$f(x) = \begin{cases} x, & 0 < x \leqslant 1 \\ 2-x, & 1 < x \leqslant 2 \\ 0, & \text{其他} \end{cases}$$

求 $E(X)$.

【解析】 $E(X) = \int_{-\infty}^{+\infty} x f(x) \mathrm{d}x = \int_0^1 x \cdot x \mathrm{d}x + \int_1^2 x \cdot (2-x) \mathrm{d}x = 1.$

【例 4.3】 设随机变量 X 的概率密度函数为

$$f(x) = \frac{1}{2} \mathrm{e}^{-|x|} \quad (-\infty < x < +\infty)$$

求 $E(X)$ 及 $D(X)$.

【解析】 $E(X) = \int_{-\infty}^{+\infty} x \cdot \frac{1}{2} \mathrm{e}^{-|x|} \mathrm{d}x = 0$

$$D(X) = E(X^2) - [E(X)]^2 = \int_{-\infty}^{+\infty} x^2 \cdot \frac{1}{2} \mathrm{e}^{-|x|} \mathrm{d}x = \int_0^{+\infty} x^2 \mathrm{e}^{-x} \mathrm{d}x = 2$$

【例 4.4】 已知随机变量 X 的分布函数为

$$F(x) = \begin{cases} 0, & x \leqslant 0 \\ \dfrac{x}{4}, & 0 < x \leqslant 4 \\ 1, & x > 4 \end{cases}$$

求 $E(X)$ 及 $D(X)$.

【解析】 X 的概率密度函数为 $f(x) = \begin{cases} \dfrac{1}{4}, & 0 < x < 4, \\ 0, & \text{其他}. \end{cases}$ 所以

$$E(X) = \frac{0+4}{2} = 2, \quad D(X) = \frac{(4-0)^2}{12} = \frac{4}{3}$$

【例 4.5】 有 3 个小球和 2 个杯子,将小球随机地放入杯子中,设 X 为有小球的杯子数,则 X 的分布函数为_____,$E(X) =$_____.

【解析】 $P\{X=1\} = \dfrac{2}{2^3} = \dfrac{1}{4}$,所以 $P\{X=2\} = \dfrac{3}{4}$. X 的分布函数为

$$F(x) = \begin{cases} 0, & x < 1 \\ \dfrac{1}{4}, & 1 \leqslant x < 2 \\ 1, & x \geqslant 2 \end{cases}$$

则有

$$E(X) = 1 \times \frac{1}{4} + 2 \times \frac{3}{4} = \frac{7}{4}$$

【例 4.6】 设随机变量 X 与 Y 相互独立且 $D(X) = 4, D(Y) = 2$,则 $D(3X - 2Y) = (\quad)$.

(A) 8   (B) 16   (C) 28   (D) 44

【解析】 $D(3X - 2Y) = 9D(X) + 4D(Y) = 9 \times 4 + 4 \times 2 = 44.$ 选(D).

【例 4.7】 设随机变量 X_1, X_2, X_3 相互独立且 $X_1 \sim U[0,6], X_2 \sim N(0, 2^2), X_3 \sim P(3)$,若 $Y = X_1 - 2X_2 + 3X_3$,则 $D(Y) =$_____.

【解析】 因为随机变量 X_1, X_2, X_3 相互独立,所以

$$D(Y) = D(X_1 - 2X_2 + 3X_3) = D(X_1) + 4D(X_2) + 9D(X_3) = 3 + 16 + 27 = 46.$$

【例 4.8】 设随机变量 X 与 Y 相互独立,均在区间 $[1,3]$ 上服从均匀分布,引进事件

$$A = \{X \leqslant a\}, \quad B = \{Y > a\} \text{ 且 } P(A+B) = \frac{7}{9}$$

求:(1) a 的值;(2) $\frac{1}{X}$ 的数学期望.

【解析】 (1) $P(A) = \dfrac{a-1}{2}$, $P(B) = 1 - \dfrac{a-1}{2} = \dfrac{3-a}{2}$, 所以

$$P(A+B) = P(A) + P(B) - P(A)P(B) = 1 - \frac{a-1}{2} \times \frac{3-a}{2} = \frac{7}{9},$$

解得 $a = \dfrac{5}{3}$ 或 $a = \dfrac{7}{3}$.

(2) $E\left(\dfrac{1}{X}\right) = \displaystyle\int_{-\infty}^{+\infty} \frac{1}{x} f(x) \mathrm{d}x = \int_1^3 \frac{1}{x} \times \frac{1}{2} \mathrm{d}x = \frac{\ln 3}{2}$.

【例 4.9】 设随机变量 X 的概率分布为

X	-2	-1	0	1	2
p	$\dfrac{1}{5}$	$\dfrac{1}{6}$	$\dfrac{1}{5}$	$\dfrac{1}{15}$	$\dfrac{11}{30}$

求 $E(X), E(X+3X^2)$.

【解析】 $E(X) = -2 \times \dfrac{1}{5} + (-1) \times \dfrac{1}{6} + 0 \times \dfrac{1}{5} + 1 \times \dfrac{1}{15} + 2 \times \dfrac{11}{30} = \dfrac{7}{30}$

$$E(X^2) = 4 \times \frac{1}{5} + 1 \times \frac{1}{6} + 0 \times \frac{1}{5} + 1 \times \frac{1}{15} + 4 \times \frac{11}{30} = \frac{5}{2}$$

从而

$$E(X+3X^2) = E(X) + 3E(X^2) = \frac{116}{15}$$

【例 4.10】 设随机变量 $X \sim N(\mu, \sigma^2)$,求 $E(|X-\mu|)$.

【解析】 $E(|X-\mu|) = \displaystyle\int_{-\infty}^{+\infty} |x-\mu| \frac{1}{\sqrt{2\pi}\sigma} \mathrm{e}^{-\frac{(x-\mu)^2}{2\sigma^2}} \mathrm{d}x \xrightarrow{u = x-\mu} \int_{-\infty}^{+\infty} |u| \frac{1}{\sqrt{2\pi}\sigma} \mathrm{e}^{-\frac{u^2}{2\sigma^2}} \mathrm{d}u$

$$= \int_0^{+\infty} \frac{2u}{\sqrt{2\pi}\sigma} \mathrm{e}^{-\frac{u^2}{2\sigma^2}} \mathrm{d}u = \sqrt{\frac{2}{\pi}} \cdot \sigma$$

【例 4.11】 设随机变量 X 的概率密度函数为

$$f(x) = \begin{cases} \mathrm{e}^{-x}, & x > 0 \\ 0, & x \leqslant 0 \end{cases}$$

求 $Y = \mathrm{e}^{-2X}$ 的数学期望.

【解析】 $E(Y) = \displaystyle\int_{-\infty}^{+\infty} g(x) f(x) \mathrm{d}x = \int_0^{+\infty} \mathrm{e}^{-2x} \cdot \mathrm{e}^{-x} \mathrm{d}x = \frac{1}{3}$.

【例 4.12】 设二维随机向量 (X,Y) 的联合概率密度函数为

$$f(x,y) = \begin{cases} 2x\mathrm{e}^{-(y-5)}, & 0 \leqslant x \leqslant 1, y \geqslant 5 \\ 0, & \text{其他} \end{cases}$$

则 $E(XY) = $ _____.

【解析】 $E(XY) = \int_{-\infty}^{+\infty}\int_{-\infty}^{+\infty} xy f(x,y)\mathrm{d}x\mathrm{d}y = \int_0^1 \mathrm{d}x \int_5^{+\infty} xy \cdot 2x\mathrm{e}^{-(y-5)}\mathrm{d}y = 4.$

【例 4.13】 设随机变量 $X \sim N(0,2^2)$，$Y \sim U(0,4)$，且 X,Y 相互独立，求 $E(XY)$，$D(X+Y)$ 及 $D(2X-3Y)$.

【解析】
$$E(XY) = E(X) \cdot E(Y) = 0$$
$$D(X+Y) = D(X) + D(Y) = 4 + \frac{4}{3} = \frac{16}{3}$$
$$D(2X-3Y) = 4D(X) + 9D(Y) = 4 \times 4 + 9 \times \frac{4}{3} = 28$$

【例 4.14】 设 $X \sim N(1,2)$，$Y \sim N(2,4)$，且 X,Y 相互独立，求 $Z = 2X+Y-3$ 的概率密度函数 $f_Z(z)$.

【解析】 易知 Z 服从正态分布：
$$E(Z) = 2E(X) + E(Y) - 3 = 1, \quad D(Z) = 4D(X) + D(Y) = 12$$
所以
$$f_Z(z) = \frac{1}{2\sqrt{6\pi}}\mathrm{e}^{-\frac{(z-1)^2}{24}}, \quad z \in \mathbf{R}$$

【例 4.15】 设两个随机变量 X,Y 相互独立，都服从 $N\left(0,\frac{1}{2}\right)$，求 $D(|X-Y|)$.

【解析】 设 $Z = X-Y$，则 $Z \sim N(0,1)$，所以
$$D(|Z|) = E(Z^2) - [E(Z)]^2 = 1 - \left(\int_{-\infty}^{+\infty} |z| \frac{1}{\sqrt{2\pi}}\mathrm{e}^{-\frac{z^2}{2}}\mathrm{d}z\right)^2 = 1 - \frac{2}{\pi}.$$

【例 4.16】 设随机变量 X 的概率密度函数为 $f(x) = \frac{1}{\sqrt{\pi}}\mathrm{e}^{-x^2+2x-1}$，则 $E(X) = $ _____，

$\sqrt{D(X)} = $ _____.

【解析】 $f(x) = \frac{1}{\sqrt{2\pi} \cdot \frac{1}{\sqrt{2}}}\mathrm{e}^{\frac{-(x-1)^2}{2\times\left(\frac{1}{\sqrt{2}}\right)^2}}$，所以 $X \sim N\left(1,\frac{1}{2}\right)$，因此
$$E(X) = 1, \quad \sqrt{D(X)} = \frac{1}{\sqrt{2}}$$

【例 4.17】 设 X 表示 10 次独立重复射击命中目标的次数且每次命中率为 0.4，则 $E(X^2) = $ _____.

【解析】 依题意，X 服从二项分布，且 $X \sim B(10,0.4)$，所以
$$E(X^2) = [E(X)]^2 + D(X) = (10 \times 0.4)^2 + 10 \times 0.4 \times 0.6 = 18.4$$

二、协方差、相关系数和矩

1. 协方差的定义及性质

1）协方差的定义
$$\mathrm{Cov}(X,Y) = E\{[X-E(X)][Y-E(Y)]\} = E(XY) - E(X) \cdot E(Y)$$

2）协方差的性质

（1）$\mathrm{Cov}(X,X)=D(X)$；

（2）$\mathrm{Cov}(X,Y)=\mathrm{Cov}(Y,X)$；

（3）$\mathrm{Cov}(X,C)=0$；

（4）$\mathrm{Cov}(aX,bY)=ab\mathrm{Cov}(X,Y)$；

（5）$\mathrm{Cov}(X_1+X_2,Y)=\mathrm{Cov}(X_1,Y)+\mathrm{Cov}(X_2,Y)$；

（6）若随机变量 X,Y 不相关，则 $\mathrm{Cov}(X,Y)=0$.

2. 相关系数的定义及性质

1）相关系数的定义

$$\rho_{XY}=\frac{\mathrm{Cov}(X,Y)}{\sqrt{D(X)}\cdot\sqrt{D(Y)}}=\frac{E(XY)-E(X)\cdot E(Y)}{\sqrt{D(X)}\cdot\sqrt{D(Y)}}$$

若 $\rho_{XY}=0$，则称随机变量 X,Y 不相关.

2）相关系数的性质

（1）$-1\leqslant\rho_{XY}\leqslant1$，$\rho_{XY}=\rho_{YX}$，$\rho_{XX}=1$；

（2）若 X,Y 相互独立，则 $\rho_{XY}=0$；

（3）$|\rho|=1\Leftrightarrow X$ 与 Y 以概率 1 线性相关，即 $\exists$ 常数 a,b 且 $a\neq0$，使 $P\{X=aY+b\}=1$.

3. 几个常用的结论

（1）$D(X\pm Y)=D(X)+D(Y)\pm2\mathrm{Cov}(X,Y)$，特别地，当 X,Y 不相关时，$D(X\pm Y)=D(X)+D(Y)$.

（2）X 与 Y 不相关的等价说法：

$$\mathrm{Cov}(X,Y)=0\Leftrightarrow\rho_{XY}=0\Leftrightarrow E(XY)=E(X)\cdot E(Y)\Leftrightarrow D(X\pm Y)=D(X)+D(Y)$$

（3）X,Y 独立 $\Rightarrow\rho_{XY}=0$，即 X,Y 不相关，但反过来不正确.

（4）若 X,Y 服从二维正态分布，则 X,Y 独立 $\Leftrightarrow X,Y$ 不相关.

4. 随机变量的矩

（1）对于正整数 k，称随机变量 X 的 k 次幂的数学期望为 X 的 k 阶原点矩，记为 v_k，即

$$v_k=E(X^k),\quad k=1,2,\cdots$$

（2）对于正整数 k，称随机变量 X 与 $E(X)$ 差的 k 次幂的数学期望为 X 的 k 阶中心矩，记为 μ_k，即

$$\mu_k=E\{[X-E(X)]^k\},\quad k=2,3,\cdots$$

（3）对于随机变量 X 与 Y，如果 $E(X^kY^l)$ 存在，则称之为 X 与 Y 的 $k+l$ 阶混合原点矩.

【例 4.18】 设随机变量 X 与 Y 的方差存在且不等于 0，则 $D(X+Y)=D(X)+D(Y)$ 是 X 和 Y（　　）.

（A）不相关的充分条件，但不是必要条件

（B）独立的充分条件，但不是必要条件

（C）不相关的充分必要条件

（D）独立的充分必要条件

【解析】 $D(X+Y)=D(X)+D(Y)+2\mathrm{Cov}(X,Y)$，从而 $\mathrm{Cov}(X,Y)=0$，它们不相关，选

(C).

【例 4.19】 若 $E(XY)=E(X)E(Y)$,则下列各式正确的是( ).

(A) $D(XY)=D(X)D(Y)$ (B) $D(X+Y)=D(X)+D(Y)$.

(C) X 与 Y 独立   (D) X 与 Y 不独立

【解析】 $E(XY)=E(X)E(Y)$ 是不相关的定义,选(B).

【例 4.20】 已知随机变量 (X,Y) 服从二维正态分布,并且 X 和 Y 分别服从正态分布 $N(1,3^2)$ 和 $N(0,4^2)$,X 与 Y 的相关系数 $\rho_{XY}=-\dfrac{1}{2}$,设 $Z=\dfrac{X}{3}+\dfrac{Y}{2}$.

(1) 求 Z 的数学期望 $E(Z)$ 和方差 $D(Z)$;

(2) 求 X 与 Z 的相关系数 ρ_{XZ};

(3) X 与 Z 是否相互独立? 为什么?

【解析】 (1) $E(Z)=\dfrac{1}{3}E(X)+\dfrac{1}{2}E(Y)=\dfrac{1}{3}$

$$D(Z)=\frac{1}{9}D(X)+\frac{1}{4}D(Y)+2\times\frac{1}{3}\times\frac{1}{2}\text{Cov}(X,Y)$$

$$=1+4+\frac{1}{3}\rho_{XY}\sqrt{D(X)D(Y)}=5+\frac{1}{3}\times\left(-\frac{1}{2}\right)\times12=3$$

(2) $\text{Cov}(X,Z)=\text{Cov}\left(X,\dfrac{X}{3}+\dfrac{Y}{2}\right)=\text{Cov}\left(X,\dfrac{X}{3}\right)+\text{Cov}\left(X,\dfrac{Y}{2}\right)$

$$=\frac{1}{3}D(X)+\frac{1}{2}\text{Cov}(X,Y)=0$$

所以 $\rho_{XZ}=0$.

(3) 独立,因为 $Z=\dfrac{1}{3}X+\dfrac{1}{2}Y$ 是 (X,Y) 的线性函数,故随机变量 (X,Z) 相互独立,又 $\rho_{XZ}=0$,所以 X 与 Z 相互独立.

【例 4.21】 设 X 与 Y 独立且同分布,$X-Y=U$,$X+Y=V$,则 U 与 V 必( ).

(A) 不独立   (B) 独立   (C) 相关系数不为零   (D) 相关系数为零

【解析】 因为 X 与 Y 同分布,所以 $D(X)=D(Y)$. 则有

$\text{Cov}(U,V)=\text{Cov}(X-Y,X+Y)=\text{Cov}(X,X)+\text{Cov}(X,Y)-\text{Cov}(Y,X)-\text{Cov}(Y,Y)$

$$=D(X)-D(Y)=0$$

相关系数 $\rho_{UV}=0$,故选(D).

三、典型题型

题型一:数学期望和方差

【解题思路总述】

(1) 记住常见分布的期望和方差,必要时直接使用;

(2) 利用期望的定义 $E(X)=\displaystyle\sum_{k=1}^{\infty}x_k p_k$ 或 $E(X)=\displaystyle\int_{-\infty}^{+\infty}xf(x)\mathrm{d}x$ 计算期望;

(3) 借助公式 $D(X)=E(X^2)-[E(X)]^2$ 计算方差,一般不用方差的定义.

【例1】 设随机变量 X 的概率分布为 $P\{X=k\}=\dfrac{1}{2^k}(k=1,2,\cdots)$. Y 表示 X 被 3 除的余数,则 $E(Y)=$ _____.

【例2】 设随机变量 X 的分布函数为 $F(x)=0.3\Phi(x)+0.7\Phi\left(\dfrac{x-1}{2}\right)$,其中,$\Phi(x)$ 为标准正态分布的分布函数,则 $E(X)=$ (   ).

(A) 0   (B) 0.3   (C) 0.7   (D) 1

【例3】 设随机变量 X 的概率分布为 $P\{X=-2\}=\dfrac{1}{2}$,$P\{X=1\}=a$,$P\{X=3\}=b$,若 $E(X)=0$,则 $D(X)=$ _____.

【例4】 设随机变量 X 服从参数为 1 的泊松分布,则 $P\{X=E(X^2)\}=$ _____.

【例5】 设随机变量 X 与 Y 相互独立,且 $E(X)$ 与 $E(Y)$ 存在,记 $U=\max\{X,Y\}$,$V=\min\{X,Y\}$,则 $E(UV)=$ (   ).

(A) $E(U)\cdot E(V)$ (B) $E(X)\cdot E(Y)$

(C) $E(U)\cdot E(Y)$ (D) $E(X)\cdot E(V)$

【例6】 设随机变量 X 的概率分布为 $P\{X=k\}=\dfrac{C}{k!}(k=0,1,2,\cdots)$,则 $E(X^2)=$ _____.

【例7】 设随机变量 X 的概率密度函数为

$$f(x)=\begin{cases} 2^{-x}\ln2, & x>0 \\ 0, & x\leqslant0 \end{cases}$$

对 X 进行独立重复的观测,直到第 2 个大于 3 的观测值出现时停止,记 Y 为观测次数.

(1) 求 Y 的概率分布;

(2) 求 $E(Y)$.

题型二:协方差与相关系数

【解题思路总述】

(1) 利用公式 $\mathrm{Cov}(X,Y)=E(XY)-E(X)\cdot E(Y)$ 计算协方差;

(2) 相关系数 $\rho_{XY}=\dfrac{\mathrm{Cov}(X,Y)}{\sqrt{D(X)}\cdot\sqrt{D(Y)}}=\dfrac{E(XY)-E(X)\cdot E(Y)}{\sqrt{D(X)}\cdot\sqrt{D(Y)}}$;

(3) 一种特殊情况:二维正态分布中的独立与不相关等价.

【例8】 设随机变量 $X\sim N(0,1)$,$Y\sim N(1,4)$,且相关系数 $\rho_{XY}=1$,则(   ).

(A) $P\{Y=-2X-1\}=1$ (B) $P\{Y=2X-1\}=1$

(C) $P\{Y=-2X+1\}=1$ (D) $P\{Y=2X+1\}=1$

【例9】 随机变量 X 服从区间 $\left(-\dfrac{\pi}{2},\dfrac{\pi}{2}\right)$ 上的均匀分布,$Y=\sin X$,则 $\mathrm{Cov}(X,Y)=$ _____.

【例10】 设二维随机变量 (X,Y) 在区域 $D=\{(x,y)\,|\,0<y<\sqrt{1-x^2}\}$ 上服从均匀分布,且

$$Z_1=\begin{cases} 1, & X-Y>0, \\ 0, & X-Y\leqslant0, \end{cases} \qquad Z_2=\begin{cases} 1, & X+Y>0 \\ 0, & X+Y\leqslant0 \end{cases}$$

求:(1) 二维随机变量(Z_1,Z_2)的概率分布;(2) Z_1,Z_2的相关系数.

【例 11】 将一枚硬币重复掷 n 次,以 X 和 Y 分别表示正面向上和反面向上的次数,则 X 和 Y 的相关系数等于(   ).

(A) -1 (B) 0   (C) 0.5   (D) 1

【例 12】 设(X,Y)的联合密度函数为 $f(x,y)=\begin{cases} 2, & 0<x<1,2x<y<3x, \\ 0, & 其他. \end{cases}$ 求协方差 $Cov(X,Y)$ 及相关系数 ρ_{XY}.

【例 13】 设 $U\sim U[-2,2]$,$X=\begin{cases} -1, & U\leqslant -1, \\ 1, & U>-1, \end{cases}$ $Y=\begin{cases} -1, & U\leqslant 1, \\ 1, & U>1, \end{cases}$ 求:

(1) X,Y 的联合分布律;

(2) $D(X+Y)$.

【例 14】 设 $X_1,X_2,\cdots,X_n(n>2)$ 为来自总体 $N(0,\sigma^2)$ 的简单随机样本,其样本均值为 $\overline{X}$,记 $Y_i=X_i-\overline{X}$,$i=1,2,\cdots,n$. 求:

(1) Y_i 的方差 $D(Y_i)$,$i=1,2,\cdots,n$;

(2) Y_1 与 Y_n 的协方差 $Cov(Y_1,Y_n)$;

(3) 若 $C(Y_1+Y_n)^2$ 是 σ^2 的无偏估计量,求常数 C.

四、典型题型答案

题型一:数学期望和方差

【例 1】 解析:

$$P\{Y=1\}=\frac{\frac{1}{2}}{1-\frac{1}{8}}=\frac{4}{7}$$

$$P\{Y=2\}=\frac{\frac{1}{4}}{1-\frac{1}{8}}=\frac{2}{7}$$

$$P\{Y=0\}=1-P\{Y=1\}-\{Y=2\}=\frac{1}{7}$$

$$E(Y)=1\times\frac{4}{7}+2\times\frac{2}{7}+0\times\frac{1}{7}=\frac{8}{7}$$

【例 2】 解析:

因为分布函数 $F(x)=0.3\Phi(x)+0.7\Phi\left(\dfrac{x-1}{2}\right)$,所以概率密度函数

$$f(x)=F'(x)=0.3\varphi(x)+0.35\varphi\left(\frac{x-1}{2}\right)$$

则

$$E(X)=\int_{-\infty}^{+\infty}xf(x)\mathrm{d}x=0.3\int_{-\infty}^{+\infty}x\varphi(x)\mathrm{d}x+0.35\int_{-\infty}^{+\infty}x\varphi\left(\frac{x-1}{2}\right)\mathrm{d}x$$

其中,

$$\int_{-\infty}^{+\infty} x\varphi(x)\,\mathrm{d}x=0, \qquad \int_{-\infty}^{+\infty} x\varphi\left(\frac{x-1}{2}\right)\mathrm{d}x=2\int_{-\infty}^{+\infty}(2u+1)\varphi(u)\,\mathrm{d}u=2$$

所以 $E(X)=0.7.$ 选(C).

【例3】 解析：

根据分布律的性质及期望的定义，可得

$$\begin{cases} \dfrac{1}{2}+a+b=1 \\[2mm] (-2)\times\dfrac{1}{2}+1\times a+3\times b=0 \end{cases}$$

解得 $a=\dfrac{1}{4},b=\dfrac{1}{4}$；所以

$$E(X^2)=\frac{1}{2}\times(-2)^2+\frac{1}{4}\times1^2+\frac{1}{4}\times3^2=\frac{9}{2}, \quad D(X)=E(X^2)-[E(X)]^2=\frac{9}{2}$$

【例4】 解析：

由 $X\sim P(1)$，可知 $E(X)=D(X)=1$，于是 $E(X^2)=D(X)+[E(X)]^2=2$，因此 $P\{X=2\}=\dfrac{1}{2\mathrm{e}}.$

【例5】 解析：

$E(UV)=E(XY)=E(X)\cdot E(Y).$ 选(B).

【例6】 解析：

结合常见分布的分布律，可以得 $C=\dfrac{1}{\mathrm{e}},X\sim P(1)$，所以

$$E(X^2)=[E(X)]^2+D(X)=\frac{1}{\lambda^2}+\frac{1}{\lambda}=2$$

【例7】 解析：

(1) 记 p 为观测值大于 3 的概率，则

$$p=P\{X>3\}=\int_{3}^{+\infty}2^{-x}\ln2\,\mathrm{d}x=\frac{1}{8}$$

从而 Y 的概率分布为

$$P\{Y=n\}=\mathrm{C}_{n-1}^{1}\,p\,(1-p)^{n-2}p=(n-1)\left(\frac{1}{8}\right)^2\left(\frac{7}{8}\right)^{n-2}, \quad n=2,3,\cdots$$

(2) $E(Y)=\displaystyle\sum_{n=2}^{\infty}n(n-1)\left(\frac{1}{8}\right)^2\left(\frac{7}{8}\right)^{n-2}=\left(\frac{1}{8}\right)^2\sum_{n=2}^{\infty}n(n-1)x^{n-2}\Big|_{x=\frac{7}{8}}$

记 $S(x)=\displaystyle\sum_{n=2}^{\infty}n(n-1)x^{n-2},\,-1<x<1$，则

$$S(x)=\left(\sum_{n=2}^{\infty}x^n\right)''=\left(\frac{x^2}{1-x}\right)''=\frac{2}{(1-x)^3}$$

故 $E(Y)=\left(\dfrac{1}{8}\right)^2\cdot S\left(\dfrac{7}{8}\right)=16.$

题型二：协方差与相关系数

【例8】 解析：

由随机变量 X,Y 的相关系数 $\rho_{XY}=1$ 可知，$P\{Y=aX+b\}=1$，且 $a>0$. 因为 $X\sim N(0,1)$，

$Y \sim N(1,4)$，$E(Y) = aE(X) + b$，$D(Y) = a^2 D(X)$，所以 $b=1$，$a^2=4$，再由 $a>0$，可知 $a=2$，$b=1$，即 $P\{Y=2X+1\}=1$. 选(D).

【例 9】 解析：

X 的概率密度函数为

$$f(x) = \begin{cases} \dfrac{1}{\pi}, & -\dfrac{\pi}{2} < x < \dfrac{\pi}{2} \\ 0, & \text{其他} \end{cases}$$

$$E(X) = \frac{a+b}{2} = 0$$

$$E(XY) = \int_{-\infty}^{+\infty} x\sin x \cdot f(x)\,\mathrm{d}x = \int_{-\frac{\pi}{2}}^{\frac{\pi}{2}} \frac{1}{\pi} x\sin x\,\mathrm{d}x = \frac{2}{\pi}$$

所以

$$\mathrm{Cov}(X,Y) = E(XY) - E(X)\cdot E(Y) = \frac{2}{\pi}$$

【例 10】 解析：

(1) $P\{Z_1 = 1\} = \dfrac{1}{4}$，$P\{Z_2 = 1\} = \dfrac{3}{4}$，$P\{Z_1 = 1, Z_2 = 1\} = \dfrac{1}{4}$，所以 (Z_1, Z_2) 的联合分布律如下：

Z_1 \ Z_2	0	1
0	$\dfrac{1}{4}$	$\dfrac{1}{2}$
1	0	$\dfrac{1}{4}$

(2) 易知 $E(Z_1) = \dfrac{1}{4}$，$D(Z_1) = \dfrac{3}{16}$，$E(Z_2) = \dfrac{3}{4}$，$D(Z_2) = \dfrac{3}{16}$；又

$$P\{Z_1 Z_2 = 1\} = P\{Z_1 = 1, Z_2 = 1\} = \frac{1}{4}, \quad P\{Z_1 Z_2 = 0\} = 1 - \frac{1}{4} = \frac{3}{4}$$

所以 $E(Z_1 Z_2) = \dfrac{1}{4}$；$Z_1, Z_2$ 的相关系数

$$\rho = \frac{E(Z_1 Z_2) - E(Z_1) E(Z_2)}{\sqrt{D(Z_1)\cdot D(Z_2)}} = \frac{1}{3}$$

【例 11】 解析：依题意，$X+Y=n$，所以 $\rho_{XY} = -1$，完全负相关，选(A).

【例 12】 解析：

$$E(X) = \int_0^1 \mathrm{d}x \int_{2x}^{3x} 2x\,\mathrm{d}y = \frac{2}{3}; \quad E(X^2) = \int_0^1 \mathrm{d}x \int_{2x}^{3x} 2x^2\,\mathrm{d}y = \frac{1}{2}$$

所以

$$D(X) = E(X^2) - [E(X)]^2 = \frac{1}{18}$$

同理，

$$E(Y) = \int_0^1 \mathrm{d}x \int_{2x}^{3x} 2y\,\mathrm{d}y = \frac{5}{3}; \quad E(Y^2) = \int_0^1 \mathrm{d}x \int_{2x}^{3x} 2y^2\,\mathrm{d}y = \frac{19}{6}$$

所以

$$D(Y) = E(Y^2) - [E(Y)]^2 = \frac{7}{18}$$

$$E(XY) = \int_0^1 \mathrm{d}x \int_{2x}^{3x} 2xy \, \mathrm{d}y = \frac{5}{4}$$

$$\mathrm{Cov}(X,Y) = E(XY) - E(X) \cdot E(Y) = \frac{5}{36}, \quad \rho_{XY} = \frac{\mathrm{Cov}(X,Y)}{\sqrt{D(X) \cdot D(Y)}} = \frac{5}{2\sqrt{7}}$$

【例 13】 解析:

(1) (X,Y) 的可能取值为 $(-1,-1),(-1,1),(1,-1),(1,1)$,则有:

$$P\{X=-1, Y=-1\} = P\{U \leqslant -1, U \leqslant 1\} = P\{U \leqslant -1\} = \frac{1}{4}$$

$$P\{X=-1, Y=1\} = P\{U \leqslant -1, U > 1\} = 0$$

$$P\{X=1, Y=-1\} = P\{U > -1, U \leqslant 1\} = P\{-1 < U \leqslant 1\} = \frac{1}{2}$$

$$P\{X=1, Y=1\} = P\{U > -1, U > 1\} = P\{U > 1\} = \frac{1}{4}$$

所以 X,Y 的联合分布律为:

$$(X,Y) \sim \begin{pmatrix} (-1,-1) & (-1,1) & (1,-1) & (1,1) \\ \dfrac{1}{4} & 0 & \dfrac{1}{2} & \dfrac{1}{4} \end{pmatrix}$$

(2) $X+Y \sim \begin{pmatrix} -2 & 0 & 2 \\ \dfrac{1}{4} & \dfrac{1}{2} & \dfrac{1}{4} \end{pmatrix}$, $(X+Y)^2 \sim \begin{pmatrix} 0 & 4 \\ \dfrac{1}{2} & \dfrac{1}{2} \end{pmatrix}$,所以

$$E(X+Y) = 0, \quad D(X+Y) = E(X+Y)^2 = 2$$

【例 14】 解析:

由题设知 $X_1, X_2, \cdots, X_n (n > 2)$ 相互独立,且

$$E(X_i) = 0, \quad D(X_i) = \sigma^2 (i=1,2,\cdots,n), \quad E(\overline{X}) = 0.$$

(1) $D(Y_i) = D(X_i - \overline{X}) = D\left[\left(1 - \frac{1}{n}\right)X_i - \frac{1}{n}\sum_{\substack{j=1 \\ j \neq i}}^{n} X_j\right]$

$$= \left(1 - \frac{1}{n}\right)^2 D(X_i) + \frac{1}{n^2}\sum_{\substack{j=1 \\ j \neq i}}^{n} D(X_j)$$

$$= \frac{(n-1)^2}{n^2}\sigma^2 + \frac{1}{n^2} \cdot (n-1)\sigma^2 = \frac{n-1}{n}\sigma^2$$

(2) $\mathrm{Cov}(Y_1, Y_n) = \mathrm{Cov}(X_1 - \overline{X}, X_n - \overline{X})$

$$= \mathrm{Cov}(X_1, X_n) - \mathrm{Cov}(X_1, \overline{X}) - \mathrm{Cov}(X_n, \overline{X}) + \mathrm{Cov}(\overline{X}, \overline{X})$$

因为 $X_1, X_2, \cdots, X_n$ 独立同分布,所以 $\mathrm{Cov}(X_1, X_n) = 0$,

$$\mathrm{Cov}(X_1, \overline{X}) = \frac{1}{n}\mathrm{Cov}(X_1, X_1) = \frac{1}{n}D(X_1) = \frac{1}{n}$$

同理可得 $\mathrm{Cov}(X_n, \overline{X}) = \frac{1}{n}$. 则

$$\mathrm{Cov}(\overline{X}, \overline{X}) = D(\overline{X}) = \frac{1}{n^2} \cdot nD(X_1) = \frac{1}{n}$$

$$\mathrm{Cov}(Y_1, Y_n) = 0 - \frac{1}{n} - \frac{1}{n} + \frac{1}{n} = -\frac{1}{n}$$

【注】
$$
\begin{aligned}
\mathrm{Cov}(Y_1, Y_n) &= E\{[Y_1 - E(Y_1)][Y_n - E(Y_n)]\} \\
&= E(Y_1 Y_n) = E[(X_1 - \overline{X})(X_n - \overline{X})] \\
&= E(X_1 X_n - X_1 \overline{X} - X_n \overline{X} + \overline{X}^2) \\
&= E(X_1 X_n) - 2E(X_1 \overline{X}) + [E(\overline{X})]^2 \\
&= 0 - \frac{2}{n} E\left(X_1^2 + \sum_{j=2}^{n} X_1 X_j\right) + D(\overline{X}) + [E(\overline{X})]^2 \\
&= -\frac{2}{n} + \frac{1}{n} = -\frac{1}{n}
\end{aligned}
$$

(3) $E[C(Y_1 + Y_n)^2] = CE[(Y_1 + Y_n)^2] = C\{D(Y_1 + Y_n) + [E(Y_1 + Y_n)]^2\}$，且有 $E(Y_1 + Y_n) = E(X_1 + X_n - 2\overline{X}) = 0$，所以

$$
\begin{aligned}
E[C(Y_1 + Y_n)^2] &= CD(Y_1 + Y_n) = C[D(Y_1) + D(Y_2) + 2\mathrm{Cov}(Y_1, Y_n)] \\
&= C\left[\frac{n-1}{n} + \frac{n-1}{n} - \frac{2}{n}\right]\sigma^2 = \frac{2(n-2)}{n}C\sigma^2
\end{aligned}
$$

若 $C(Y_1 + Y_n)^2$ 是 σ^2 的无偏估计量，则 $\dfrac{2(n-2)}{n}C\sigma^2 = \sigma^2$，解得 $C = \dfrac{n}{2(n-2)}$.

第五章　大数定律和中心极限定理

切比雪夫不等式　切比雪夫大数定律　伯努利大数定律　辛钦大数定律　棣莫弗一拉普拉斯定理　列维一林德伯格定理

1. 了解切比雪夫不等式.

2. 了解切比雪夫大数定律、伯努利大数定律和辛钦大数定律(独立同分布随机变量序列的大数定律).

3. 了解棣莫弗一拉普拉斯定理(二项分布以正态分布为极限分布)和列维一林德伯格定理(独立同分布随机变量序列的中心极限定理).

一、基本概念

1. 切比雪夫不等式

设随机变量 X 具有数学期望和方差,则对于任意给定的正数 $\varepsilon > 0$,下列切比雪夫不等式成立:

$$P\{|X-E(X)| \geq \varepsilon\} \leq \frac{D(X)}{\varepsilon^2} \quad \text{或} \quad P\{|X-E(X)| < \varepsilon\} \geq 1 - \frac{D(X)}{\varepsilon^2}$$

2. 依概率收敛

设 $X_1, X_2, \cdots, X_n$ 为随机变量序列,若存在常数 a,对于任意 $\varepsilon > 0$,有

$$\lim_{n \to \infty} P\{|X_n - a| \geq \varepsilon\} = 0 \quad \text{或} \quad \lim_{n \to \infty} P(|X_n - a| < \varepsilon) = 1$$

则称随机变量序列 $X_1, X_2, \cdots, X_n$ 依概率收敛于 a,并记为 $X_n \xrightarrow{P} a$.

【例 5.1】　利用切比雪夫不等式估计随机变量与其数学期望之差的绝对值大于 3 倍标准差的概率.

【解析】　$P\{|X-E(X)| > 3\sqrt{D(X)}\} \leq \dfrac{D(X)}{(3\sqrt{D(X)})^2} = \dfrac{1}{9}$.

【例 5.2】　设随机变量 X 和 Y 的数学期望分别为 -2 和 2,方差分别为 1 和 4,而相关系数为 -0.5,则根据切比雪夫不等式,有 $P\{|X+Y| \geq 6\} \leq$ _____.

【解析】　$$E(X+Y) = E(X) + E(Y) = 0$$
又
$$D(X+Y) = D(X) + D(Y) + 2\text{Cov}(X,Y) = 1 + 4 + 2\rho\sqrt{D(X)D(Y)} = 3$$

所以

$$P\{|X+Y|\geqslant 6\}\leqslant\frac{3}{6^2}=\frac{1}{12}.$$

二、大数定律

1. 切比雪夫大数定律

设 $X_1,X_2,\cdots,X_n$ 为相互独立的随机变量序列,期望和方差均存在且方差有界,则对于任意的正数 $\varepsilon>0$,有

$$\lim_{n\to\infty}P\left\{\left|\frac{1}{n}\sum_{i=1}^{n}X_i-\frac{1}{n}\sum_{i=1}^{n}E(X_i)\right|<\varepsilon\right\}=1.$$

2. 伯努利大数定律

设 f_A 是 n 次独立重复试验中事件 A 发生的次数,p 是事件 A 在每次试验中发生的概率,则对于任意正数 $\varepsilon>0$,有

$$\lim_{n\to\infty}P\left\{\left|\frac{f_A}{n}-p\right|<\varepsilon\right\}=1.$$

3. 辛钦大数定律

设 $X_1,X_2,\cdots,X_n$ 是独立同分布的随机变量序列,且 $E(X_i)=\mu$,则对任意给定的正数 $\varepsilon>0$,有

$$\lim_{n\to\infty}P\left\{\left|\frac{1}{n}\sum_{i=1}^{n}X_i-\mu\right|<\varepsilon\right\}=1.$$

更一般地,$\frac{1}{n}\sum_{i=1}^{n}X_i^k\xrightarrow{P}E(X_i^k)$.

【例 5.3】 设总体 X 服从参数为 2 的指数分布,$X_1,X_2,\cdots,X_n$ 为来自总体 X 的简单随机样本,则当 $n\to\infty$ 时,$Y_n=\frac{1}{n}\sum_{i=1}^{n}X_i^2$ 依概率收敛于_____.

【解析】 $E(Y_n)=E\left(\frac{1}{n}\sum_{i=1}^{n}X_i^2\right)=\frac{1}{n}\sum_{i=1}^{n}E(X_i^2)=\frac{1}{n}\cdot nE(X^2)=\left(\frac{1}{\lambda}\right)^2+\frac{1}{\lambda^2}=\frac{1}{2}$,由辛钦大数定律知,填 $\frac{1}{2}$.

三、中心极限定理

1. 列维—林德伯格定理

设 $X_1,X_2,\cdots,X_n$ 为独立同分布的随机变量序列,$E(X_i)=\mu,D(X_i)=\sigma^2(i=1,2,\cdots)$,则对任意实数 x,有

$$\lim_{n\to\infty}P\left\{\frac{\sum\limits_{i=1}^{n}X_i-n\mu}{\sqrt{n}\sigma}\leqslant x\right\}=\frac{1}{\sqrt{2\pi}}\int_{-\infty}^{x}\mathrm{e}^{-\frac{t^2}{2}}\mathrm{d}t=\Phi(x)$$

2. 棣莫弗—拉普拉斯定理

设随机变量 $X_1,X_2,\cdots,X_n$ 均服从参数为 $n,p(0<p<1)$ 的二项分布,则对于任意实数 x,有

$$\lim_{n\to\infty}P\left\{\frac{X_n-np}{\sqrt{np(1-p)}}\leqslant x\right\}=\frac{1}{\sqrt{2\pi}}\int_{-\infty}^{x}\mathrm{e}^{-\frac{t^2}{2}}\mathrm{d}t=\Phi(x)$$

【例 5.4】 设 $X_1,X_2,\cdots,X_n$ 为独立同分布的随机变量序列,且均服从参数为 λ 的指数分布,记 $\Phi(x)$ 为标准正态分布函数,则( ).

(A) $\lim\limits_{n\to\infty}P\left\{\dfrac{\sum\limits_{i=1}^{n}X_i-n\lambda}{\lambda\sqrt{n}}\leqslant x\right\}=\Phi(x)$ (B) $\lim\limits_{n\to\infty}P\left\{\dfrac{\sum\limits_{i=1}^{n}X_i-n\lambda}{\sqrt{n\lambda}}\leqslant x\right\}=\Phi(x)$

(C) $\lim\limits_{n\to\infty}P\left\{\dfrac{\lambda\sum\limits_{i=1}^{n}X_i-n}{\sqrt{n}}\leqslant x\right\}=\Phi(x)$ (D) $\lim\limits_{n\to\infty}P\left\{\dfrac{\sum\limits_{i=1}^{n}X_i-\lambda}{\sqrt{n\lambda}}\leqslant x\right\}=\Phi(x)$

【解析】 因为 $E\left(\sum\limits_{i=1}^{n}X_i\right)=\sum\limits_{i=1}^{n}E(X_i)=\dfrac{n}{\lambda}$,$D\left(\sum\limits_{i=1}^{n}X_i\right)=\sum\limits_{i=1}^{n}D(X_i)=\dfrac{n}{\lambda^2}$,由列维—林德伯格定理得:

$$\lim_{n\to\infty}P\left\{\frac{\sum\limits_{i=1}^{n}X_i-\frac{n}{\lambda}}{\frac{\sqrt{n}}{\lambda}}\leqslant x\right\}=\lim_{n\to\infty}P\left\{\frac{\lambda\sum\limits_{i=1}^{n}X_i-n}{\sqrt{n}}\leqslant x\right\}=\Phi(x)$$

选(C).

四、典型题型

【解题思路总述】 本章内容考查的频率较低,但不能忽略,建议在考前一两个星期内记忆相关公式,如切比雪夫不等式等.

(1) 熟记切比雪夫不等式的两种表达形式;

(2) 掌握列维—林德伯格定理的使用条件,即要求 $X_1,X_2,\cdots,X_n$ 独立同分布且期望和方差都存在.

【例 1】 设随机变量 X 的数学期望 $E(X)=11$,方差 $D(X)=9$,则根据切比雪夫不等式估计 $P(2<X<20)\geqslant$_____.

【例 2】 设 $X_1,X_2,\cdots,X_{100}$ 为来自总体 X 的简单随机样本,其中,$P\{X=0\}=P\{X=1\}=\dfrac{1}{2}$.用 $\Phi(x)$ 表示标准正态分布函数,则由中心极限定理可知,$P\left\{\sum\limits_{i=1}^{100}x\leqslant 55\right\}$ 的近似值为( ).

（A）$1-\Phi(1)$　　　　（B）$\Phi(1)$　　　　（C）$1-\Phi(0.2)$　　　　（D）$\Phi(0.2)$

【例 3】　设随机变量 $X_1,X_2,\cdots,X_n$ 相互独立，$S_n=X_1,X_2,\cdots,X_n$，则根据列维—林德伯格中心极限定理，当 n 充分大时，S_n 近似服从正态分布，只要 $X_1,X_2,\cdots,X_n($　　　$)$.

（A）有相同的数学期望　　　　　　（B）有相同的方差

（C）服从同一指数分布　　　　　　（D）服从同一离散型分布

五、典型题型答案

【例 1】　解析：

由题意得

$$P(2<X<20)=P(|X-11|<9)\geqslant 1-\frac{9}{9^2}=\frac{8}{9}.$$

【例 2】　解析：

由题意，$X\sim\begin{bmatrix}0&1\\\frac{1}{2}&\frac{1}{2}\end{bmatrix}$，$E(X)=\frac{1}{2}$，$D(X)=\frac{1}{4}$，因此

$$E\left(\sum_{i=1}^{100}X_i\right)=50,\quad D\left(\sum_{i=1}^{100}X_i\right)=100\times\frac{1}{4}=25$$

根据中心极限定理，$\dfrac{\sum\limits_{i=1}^{100}X_i-50}{\sqrt{25}}\sim N(0,1)$，故

$$P\left\{\sum_{i=1}^{100}X_i\leqslant 55\right\}=P\left\{\frac{\sum\limits_{i=1}^{100}X_i-50}{5}\leqslant 1\right\}=\Phi(1)$$

选（B）.

【例 3】　解析：

$X_1,X_2,\cdots,X_n$ 要满足独立同分布，且有期望和方差. 指数分布的期望和方差都存在，但是离散型分布的期望和方差不一定存在. 选（C）.

第六章 数理统计的基本概念

总体 个体 简单随机样本 统计量 经验分布函数(数三) 样本均值 样本方差 样本矩 χ^2 分布 t 分布 F 分布 分位数 正态总体的常用抽样分布

1. 理解总体、简单随机样本、统计量、样本均值、样本方差及样本矩的概念. 其中,样本方差定义为

$$S^2 = \frac{1}{n-1}\sum_{i=1}^{n}(X_i - \overline{X})^2$$

2. 了解 χ^2 分布、t 分布和 F 分布的概念及性质,了解上 α 分位数的概念并会查表计算(数一).

3. 了解产生 χ^2 变量、t 变量和 F 变量的典型模式;了解标准正态分布、χ^2 分布、t 分布和 F 分布的上 α 分位数,会查相应的数值表(数三).

4. 了解正态总体的常用抽样分布(数一).

5. 掌握正态总体的样本均值、样本方差、样本矩的抽样分布(数三).

6. 了解经验分布函数的概念和性质(数三).

一、总体与样本

1. 总体

被研究对象的全体称为总体,总体是一个随机变量,记为 X.

2. 个体

组成总体的单个元素称为个体.

3. 样本

从总体中按一定方式抽取若干个个体所组成的集合,称为样本;样本中包含个体的个数 n 称为样本容量. 样本经常记为:$X_1, X_2, \cdots, X_n$.

4. 简单随机样本

若样本 $X_1, X_2, \cdots, X_n$ 相互独立且均与总体 X 同分布,则称 $X_1, X_2, \cdots, X_n$ 为来自总体 X 的简单随机样本.

5. 样本观测值

对样本 $X_1, X_2, \cdots, X_n$ 进行观测后,其观测值记为:$x_1, x_2, \cdots, x_n$.

6. 简单随机样本的概率分布

我们需掌握以下三种情况下,简单随机样本 $X_1, X_2, \cdots, X_n$ 的分布.

(1) 若已知总体 X 的分布函数为 $F(x)$,则样本 $X_1, X_2, \cdots, X_n$ 的联合分布函数为

$$F_n(x_1, x_2, \cdots, x_n) = \prod_{i=1}^{n} F(x_i)$$

(2) 若已知总体 X 的概率密度函数为 $f(x)$,则样本 $X_1, X_2, \cdots, X_n$ 的联合概率密度函数为

$$f_n(x_1, x_2, \cdots, x_n) = \prod_{i=1}^{n} f(x_i)$$

(3) 若已知总体 X 的概率分布为 $P(X=x_j)=p_j, j=1,2,\cdots,n$,则样本 $X_1, X_2, \cdots, X_n$ 的概率分布为

$$P_n(X_1 = x_1, X_2 = x_2, \cdots, X_n = x_n) = \prod_{i=1}^{n} P(X_i = x_i)$$

【例 6.1】 若总体 $X \sim N(\mu, \sigma^2)$,$X_1, X_2, \cdots, X_n$ 为取自总体 X 的简单随机样本,求样本的联合概率密度函数 $f_n(x_1, x_2, \cdots, x_n)$.

【解析】 因为 $X \sim N(\mu, \sigma^2)$,所以 $f(x) = \dfrac{1}{\sqrt{2\pi} \cdot \sigma} e^{-\frac{(x-\mu)^2}{2\sigma^2}}$. 故

$$f_n(x_1, x_2, \cdots, x_n) = \prod_{i=1}^{n} f(x_i) = \left(\frac{1}{\sqrt{2\pi} \cdot \sigma} \right)^n e^{-\frac{\sum_{i=1}^{n}(x_i-\mu)^2}{2\sigma^2}} = (2\pi)^{-\frac{n}{2}} \sigma^{-n} e^{-\frac{\sum_{i=1}^{n}(x_i-\mu)^2}{2\sigma^2}}$$

【例 6.2】 若总体 $X \sim B(1, p)$,$X_1, X_2, \cdots, X_n$ 为来自总体 X 的简单随机样本,则样本 $X_1, X_2, \cdots, X_n$ 的概率分布为_____.

【解析】 因为总体 X 的概率分布为 $P(X=k)=p^k(1-p)^{1-k}, k=0,1$. 故

$$P_n(X_1 = x_1, X_2 = x_2, \cdots, X_n = x_n) = \prod_{i=1}^{n} P(X_i = x_i)$$
$$= p^{\sum_{i=1}^{n} x_i} (1-p)^{n-\sum_{i=1}^{n} x_i}, x_i = 0,1 \quad (i=1,2,\cdots,n)$$

二、统计量

1. 统计量定义

样本 $X_1, X_2, \cdots, X_n$ 的不含未知参数的函数 $T = g(X_1, X_2, \cdots, X_n)$ 称为统计量. 当样本观测值为 $x_1, x_2, \cdots, x_n$ 时,数值 $g(x_1, x_2, \cdots, x_n)$ 为统计量 T 的观测值.

2. 常用统计量

若 $X_1, X_2, \cdots, X_n$ 为取自总体 X 的样本,则有如下结论.

(1) 样本均值为

$$\overline{X} = \frac{1}{n} \sum_{i=1}^{n} X_i$$

(2) 样本方差为

$$S^2 = \frac{1}{n-1} \sum_{i=1}^{n} (X_i - \overline{X})^2$$

(3) 样本标准差为

$$S = \sqrt{\frac{1}{n-1} \sum_{i=1}^{n} (X_i - \overline{X})^2}$$

(4) 样本 k 阶原点矩为

$$A_k = \frac{1}{n} \sum_{i=1}^{n} X_i^k, \quad k = 1,2,\cdots$$

(5) 样本 k 阶中心距为

$$B_k = \frac{1}{n} \sum_{i=1}^{n} (X_i - \overline{X})^k, \quad k = 1,2,\cdots$$

3. 常用统计量的性质

(1) 若总体 X 的数学期望存在,且 $E(X) = \mu$,则
$$E(\overline{X}) = E(X) = \mu$$

(2) 若总体 X 的方差存在,且 $D(X) = \sigma^2$,则
$$D(\overline{X}) = \frac{1}{n} D(X) = \frac{\sigma^2}{n}$$

$$E(S^2) = D(X) = \sigma^2$$

【例 6.3】 若总体 X 服从参数为 2 的指数分布,即 $X \sim E(2)$,$X_1, X_2, \cdots, X_n$ 为取自总体 X 的简单随机样本,$\overline{X} = \frac{1}{n} \sum_{i=1}^{n} X_i$,$S^2 = \frac{1}{n-1} \sum_{i=1}^{n} (X_i - \overline{X})^2$. 计算:$E(\overline{X})$;$E(S^2)$;$D(\overline{X})$.

【解析】 因为总体 $X \sim E(2)$,所以 $E(X) = \frac{1}{2}$,$D(X) = \frac{1}{4}$,故

$$E(\overline{X}) = E(X) = \frac{1}{2}$$

$$E(S^2) = D(X) = \frac{1}{4}$$

$$D(\overline{X}) = \frac{1}{n} D(X) = \frac{1}{4n}$$

【例 6.4】 若总体 X 服从参数为 $\lambda(\lambda > 0)$ 的泊松分布,$X_1, X_2, \cdots, X_n$ 为取自总体 X 的简单随机样本,$\overline{X} = \frac{1}{n} \sum_{i=1}^{n} X_i$. 计算 $E\left(\sum_{i=1}^{n} (X_i - \overline{X})^2 \right)$.

【解析】 因为 $X \sim P(\lambda)$,所以 $D(X) = \lambda$,所以

$$E\left(\sum_{i=1}^{n} (X_i - \overline{X})^2 \right) = (n-1)E\left(\frac{1}{n-1} \sum_{i=1}^{n} (X_i - \overline{X})^2 \right)$$
$$= (n-1)E(S^2) = (n-1)D(X)$$
$$= (n-1)\lambda$$

三、三大统计分布与分位数

1. χ^2 分布

1）分布条件

随机变量 $X_1, X_2, \cdots, X_n$ 相互独立，且均服从标准正态分布 $N(0,1)$.

2）构造模型

称 $\chi^2 = X_1^2 + X_2^2 + \cdots + X_n^2$ 为服从自由度 n 的 χ^2 分布，记作 $\chi^2 \sim \chi^2(n)$.

3）分布性质

（1）若 $\chi^2 \sim \chi^2(n)$，则 $E(\chi^2) = n, D(\chi^2) = 2n$.

（2）若 $\chi_1^2 \sim \chi^2(n_1), \chi_2^2 \sim \chi^2(n_2)$，且有 χ_1^2 与 χ_2^2 相互独立，则 $\chi_1^2 + \chi_2^2 \sim \chi^2(n_1 + n_2)$.

2. t 分布

1）分布条件

随机变量 X 和 Y 相互独立，且 X 服从标准正态分布 $N(0,1)$，Y 服从 $\chi^2(n)$.

2）构造模型

称 $T = \dfrac{X}{\sqrt{Y/n}}$ 为服从自由度 n 的 t 分布，记作 $T \sim t(n)$.

3）分布性质

（1）若 $T \sim t(n)$，则当 n 充分大时，$t(n)$ 分布近似于 $N(0,1)$ 分布.

（2）$t(n)$ 分布的概率密度函数为偶函数，且 $E[t(n)] = 0$.

3. F 分布

1）分布条件

随机变量 X 和 Y 相互独立，且 $X \sim \chi^2(n_1), Y \sim \chi^2(n_2)$.

2）构造模型

称 $F = \dfrac{X/n_1}{Y/n_2}$ 为服从自由度 (n_1, n_2) 的 F 分布，记作 $F \sim F(n_1, n_2)$，其中，n_1 为第一自由度，n_2 为第二自由度.

3）分布性质

若 $F \sim F(n_1, n_2)$，则 $\dfrac{1}{F} \sim F(n_2, n_1)$.

【注】 三大统计分布的概率密度函数表达式不需要掌握.

【例 6.5】 若存在总体 $X \sim N(0,4)$，X_1, X_2, X_3, X_4 为取自总体的简单随机样本，随机变量 $Y = a(X_1 - 2X_2)^2 + b(3X_3 - 4X_4)^2$，且已知随机变量 Y 服从 χ^2 分布. 计算常数 $a, b (ab \neq 0)$ 的值以及 χ^2 分布的自由度.

【解析】 由于 $X \sim N(0,4)$，X_1, X_2, X_3, X_4 为简单随机样本，所以
$$X_1 - 2X_2 \sim N(0,20); \quad 3X_3 - 4X_4 \sim N(0,100)$$

且有

$$\frac{X_1-2X_2}{\sqrt{20}}\sim N(0,1);\quad \frac{3X_3-4X_4}{10}\sim N(0,1)$$

由 χ^2 分布的构造可知

$$Y=\frac{(X_1-2X_2)^2}{20}+\frac{(3X_3-4X_4)^2}{100}\sim\chi^2(2)$$

故可知：$a=\dfrac{1}{20}$，$b=\dfrac{1}{100}$，自由度为 2.

【例 6.6】 设 X_1,X_2,X_3,X_4 为来自总体 $N(1,\sigma^2)(\sigma>0)$ 的简单随机样本，则统计量 $\dfrac{X_1-X_2}{|X_3+X_4-2|}$ 的分布为（　　）.

(A) $N(0,1)$ (B) $t(1)$ (C) $\chi^2(1)$ (D) $F(1,1)$

【解析】 由条件可知 $X_1-X_2\sim N(0,2\sigma^2)$，$\dfrac{X_1-X_2}{\sqrt{2}\sigma}\sim N(0,1)$，

$$X_3+X_4-2\sim N(0,2\sigma^2),\quad \frac{X_3+X_4-2}{\sqrt{2}\sigma}\sim N(0,1),$$

化简即可. 选（B）.

4. 上 α 分位数

对于给定的 $\alpha(0<\alpha<1)$，随机变量 X 若满足 $P(X>A)=\alpha$，则记 $A=X_\alpha$，称 X_α 为随机变量 X 的上 α 分位数.

【例 6.7】 设随机变量 $X\sim t(n)$，$Y\sim F(1,n)$，给定 $\alpha(0<\alpha<0.5)$，常数 c 满足 $P\{X>c\}=\alpha$，则 $P\{Y>c^2\}=$（　　）.

(A) α (B) $1-\alpha$ (C) 2α (D) $1-2\alpha$

【解析】 因为 $X\sim t(n)$，故存在相互独立的 $U\sim N(0,1)$，$V\sim\chi^2(n)$，使得 $X=\dfrac{U}{\sqrt{V/n}}$，故

$$X^2=\frac{U^2/1}{V/n}\sim F(1,n)$$

所以

$$P\{Y>c^2\}=P\{X^2>c^2\}=P\{X>c\}+P\{X<-c\}.$$

又 X 的概率密度函数为偶函数，$P\{X>c\}=\alpha$，所以 $P\{X<-c\}=\alpha$. 所以 $P\{Y>c^2\}=2\alpha$. 选（C）.

四、正态总体的常用统计量

1. 单正态总体的常用统计量

若总体 $X\sim N(\mu,\sigma^2)$，$X_1,X_2,\cdots,X_n$ 为来自总体的简单随机样本，$\overline{X}$ 为样本均值，S^2 为样本方差，则有如下结论.

(1) $\dfrac{X_i-\mu}{\sigma}\sim N(0,1)$，$\dfrac{\overline{X}-\mu}{\sigma/\sqrt{n}}\sim N(0,1)$，$i=1,2,\cdots,n$.

(2) $\dfrac{\sum\limits_{i=1}^{n}(X_i-\mu)^2}{\sigma^2}\sim\chi^2(n)$.

(3) $\dfrac{\sum\limits_{i=1}^{n}(X_i-\overline{X})^2}{\sigma^2}\sim\chi^2(n-1)$.

(4) $\dfrac{(n-1)S^2}{\sigma^2}\sim\chi^2(n-1)$.

(5) $\overline{X}$ 与 S^2 相互独立.

(6) $\dfrac{\overline{X}-\mu}{S/\sqrt{n}}\sim t(n-1)$.

2. 双正态总体的常用统计量

若总体 $X\sim N(\mu_1,\sigma_1^2)$,总体 $Y\sim N(\mu_2,\sigma_2^2)$,且 X 与 Y 相互独立. 设 $X_1,X_2,\cdots,X_{n_1}$ 和 Y_1,$Y_2,\cdots,Y_{n_2}$ 是分别来自总体 X 和 Y 的简单随机样本,$\overline{X}$ 和 $\overline{Y}$ 分别为其样本均值,S_1^2 和 S_2^2 分别为其样本方差,则有如下结论.

(1) $\overline{X}-\overline{Y}\sim N\left(\mu_1-\mu_2,\dfrac{\sigma_1^2}{n_1}+\dfrac{\sigma_2^2}{n_2}\right)$.

(2) $\dfrac{(\overline{X}-\overline{Y})-(\mu_1-\mu_2)}{\sqrt{\dfrac{\sigma_1^2}{n_1}+\dfrac{\sigma_2^2}{n_2}}}\sim N(0,1)$.

(3) $\dfrac{S_1^2/\sigma_1^2}{S_2^2/\sigma_2^2}\sim F(n_1-1,n_2-1)$.

(4) 若 $\sigma_1^2=\sigma_2^2$,则 $\dfrac{(\overline{X}-\overline{Y})-(\mu_1-\mu_2)}{S_\omega\sqrt{\dfrac{1}{n_1}+\dfrac{1}{n_2}}}\sim t(n_1+n_2-2)$,且

$$S_\omega^2=\dfrac{(n_1-1)S_1^2+(n_2-1)S_2^2}{n_1+n_2-2}$$

【例 6.8】 设 $X_1,X_2,\cdots,X_n(n\geqslant 2)$ 为来自总体 $N(\mu,1)$ 的简单随机样本,记 $\overline{X}=\dfrac{1}{n}\sum\limits_{i=1}^{n}X_i$,则下列结论不正确的是(　　).

(A) $\sum\limits_{i=1}^{n}(X_i-\mu)^2$ 服从 χ^2 分布　　　　(B) $2(X_n-X_i)^2$ 服从 χ^2 分布

(C) $\sum\limits_{i=1}^{n}(X_i-\overline{X})^2$ 服从 χ^2 分布　　　　(D) $n(\overline{X}-\mu)^2$ 服从 χ^2 分布

【解析】 $X_i-\mu\sim N(0,1)$,则 $\sum\limits_{i=1}^{n}(X_i-\mu)^2\sim\chi^2(n)$,(A) 正确;$X_n-X_i\sim N(0,2)$,则 $\dfrac{X_n-X_i}{\sqrt{2}}\sim N(0,1)$,$\dfrac{(X_n-X_i)^2}{2}\sim\chi^2(1)$,从而 $2(X_n-X_i)^2$ 不服从 χ^2 分布,(B) 不正确;$\sum\limits_{i=1}^{n}(X_i-\overline{X})^2=\dfrac{(n-1)S^2}{1^2}\sim\chi^2(n-1)$,(C) 正确;$\overline{X}-\mu\sim N(0,\dfrac{1}{n})$,则 $\dfrac{\overline{X}-\mu}{1/\sqrt{n}}=\sqrt{n}(\overline{X}-\mu)\sim N(0,1)$,故 $n(\overline{X}-\mu)^2\sim\chi^2(1)$,(D) 正确. 选(B).

【例6.9】 设 $X_1, X_2, \cdots, X_n (n \geq 2)$ 为来自总体 $N(0,1)$ 的简单随机样本，$\overline{X}$ 为样本均值，S^2 为样本方差，则（　　）.

(A) $n\overline{X} \sim N(0,1)$
　　　　　　(B) $nS^2 \sim \chi^2(n)$

(C) $\dfrac{(n-1)\overline{X}}{S} \sim t(n-1)$
　　　(D) $\dfrac{(n-1)X_i^2}{\sum\limits_{i=2}^{n} X_i^2} \sim F(1, n-1)$

【解析】 由题设可知，$\overline{X} \sim N\left(0, \dfrac{1}{n}\right)$，所以 $\dfrac{\overline{X}-0}{1/\sqrt{n}} = \sqrt{n}\,\overline{X} \sim N(0,1)$. 而

$$\frac{\overline{X}-0}{S/\sqrt{n}} = \frac{\sqrt{n}\,\overline{X}}{S} \sim t(n-1), \quad \frac{(n-1)S^2}{1^2} = (n-1)S^2 \sim \chi^2(n-1)$$

因为 $X_i^2 \sim \chi^2(1)$，$\sum\limits_{i=2}^{n} X_i^2 \sim \chi^2(n-1)$，且 X_i^2 与 $\sum\limits_{i=2}^{n} X_i^2$ 相互独立，于是

$$\frac{X_i^2/1}{\sum\limits_{i=2}^{n} X_i^2/(n-1)} = \frac{(n-1)X_i^2}{\sum\limits_{i=2}^{n} X_i^2} \sim F(1, n-1)$$

选(D).

五、典型题型

题型一：统计量的数字特征

【解题思路总述】
解决此类题型需熟练掌握常见统计量及其性质，重点掌握：三大分布的构造形式和性质；单正态总体下常见统计量.

一般步骤如下.

（1）考虑所求是否可应用常见统计量的性质及相关结论：

$$E(\overline{X}) = E(X) = \mu$$

$$D(\overline{X}) = \frac{1}{n}D(X) = \frac{\sigma^2}{n}$$

$$E(S^2) = D(X) = \sigma^2$$

（2）若不是常见统计量，则考虑由已知条件确定所求随机变量服从何种分布；

（3）根据分布的数字特征结论进行求解.

【例1】 设总体 X 的概率密度函数 $f(x) = \dfrac{1}{2}e^{-|x|}$ $(-\infty < x < +\infty)$，$X_1, X_2, \cdots, X_n$ 为总体的简单随机样本，其样本方差为 S^2，则 $E(S^2) = $ _____.

【例2】 设总体 X 服从正态分布 $N(\mu_1, \sigma^2)$，总体 Y 服从正态分布 $N(\mu_2, \sigma^2)$，$X_1, X_2, \cdots, X_{n_1}$ 和

$Y_1, Y_2, \cdots, Y_{n_2}$ 分别是来自总体 X 和 Y 的简单随机样本，则 $E\left[\dfrac{\sum\limits_{i=1}^{n_1}(X_i - \overline{X})^2 + \sum\limits_{j=1}^{n_2}(Y_j - \overline{Y})^2}{n_1 + n_2 - 2}\right] = $

_____.

【例3】 设总体 $X \sim B(m, \theta)$，$X_1, X_2, \cdots, X_n$ 为来自该总体的简单随机样本，$\overline{X}$ 为样本均

值，则 $E\left[\sum_{i=1}^{n}(X_i-\overline{X})^2\right]=$（　　　）.

(A) $(m-1)n\theta(1-\theta)$ 　　　　　　(B) $m(n-1)\theta(1-\theta)$

(C) $(m-1)(n-1)\theta(1-\theta)$ 　　　(D) $mn\theta(1-\theta)$

【例 4】　设总体 X 服从参数为 $\lambda(\lambda>0)$ 的泊松分布，$X_1,X_2,\cdots,X_n(n\geqslant2)$ 为来自总体的

简单随机样本，则对于统计量 $T_1=\dfrac{1}{n}\sum_{i=1}^{n}X_i,\ T_2=\dfrac{1}{n-1}\sum_{i=1}^{n-1}X_i+\dfrac{1}{n}X_n$ 有（　　　）.

(A) $E(T_1)>E(T_2),D(T_1)>D(T_2)$ 　(B) $E(T_1)>E(T_2),D(T_1)<D(T_2)$

(C) $E(T_1)<E(T_2),D(T_1)>D(T_2)$ 　(D) $E(T_1)<E(T_2),D(T_1)<D(T_2)$

【例 5】　设 $X_1,X_2,\cdots,X_n$ 是总体 $N(\mu,\sigma^2)$ 的简单随机样本. 记

$$\overline{X}=\frac{1}{n}\sum_{i=1}^{n}X_i,\quad S^2=\frac{1}{n-1}\sum_{i=1}^{n}(X_i-\overline{X})^2,\quad T=\overline{X}^2-\frac{1}{n}S^2$$

(1) 证明 T 是 μ^2 的无偏估计量；

(2) 当 $\mu=0,\sigma=1$ 时，求 $D(T)$.

题型二：确定统计量分布类型

确定统计量的分布类型常以选择题形式考查，熟练掌握三大分布的构造即可以解决此类
问题.

【解题思路总述】

判断随机变量分布类型：观察随机变量构造特点，对应三大分布的构造进行对号入座
即可.

【注】　三大分布中，对于参与分布的随机变量都有独立性的相关要求.

【例 6】　若 X_1,X_2,X_3 是来自正态总体 $N(0,\sigma^2)$ 的简单随机样本，则统计量 $S=\dfrac{X_1-X_2}{\sqrt{2}\,|X_3|}$

服从的分布为（　　　）.

(A) $F(1,1)$ 　　　(B) $F(2,1)$ 　　　(C) $t(1)$ 　　　(D) $t(2)$

【例 7】　设随机变量 X 和 Y 都服从标准正态分布，则（　　　）.

(A) $X+Y$ 服从正态分布 　　　　　　(B) X^2+Y^2 服从 χ^2 分布

(C) X^2 和 Y^2 都服从 χ^2 分布 　　(D) $\dfrac{X^2}{Y^2}$ 服从 F 分布

【例 8】　设 $X_1,X_2,\cdots,X_n$ 是来自总体 $N(\mu,\sigma^2)$ 的简单随机样本，$\overline{X}$ 是样本均值，记

$$S_1^2=\frac{1}{n-1}\sum_{i=1}^{n}(X_i-\overline{X})^2,\quad S_2^2=\frac{1}{n}\sum_{i=1}^{n}(X_i-\overline{X})^2$$

$$S_3^2=\frac{1}{n-1}\sum_{i=1}^{n}(X_i-\mu)^2,\quad S_4^2=\frac{1}{n}\sum_{i=1}^{n}(X_i-\mu)^2$$

则服从自由度 $n-1$ 的 t 分布的随机变量是 $T=$（　　　）.

(A) $\dfrac{\overline{X}-\mu}{S_1/\sqrt{n-1}}$ 　　(B) $\dfrac{\overline{X}-\mu}{S_2/\sqrt{n-1}}$ 　　(C) $\dfrac{\overline{X}-\mu}{S_3/\sqrt{n}}$ 　　(D) $\dfrac{\overline{X}-\mu}{S_4/\sqrt{n}}$

题型三：确定分布中的未知数

此类题常以填空题、选择题形式进行考查，解决此类问题需熟练掌握三大分布的构造

形式.

【解题思路总述】

解决此类题的一般步骤为:

(1) 根据题中统计量形式,自行构造分布;

(2) 将该分布与题中统计量进行对比;

(3) 得到未知数数值.

【例 9】 设 $X_1, X_2, \cdots, X_{10}$ 相互独立且都服从 $N(0, 2^2)$ 分布,求常数 a, b, c, d 使

$$Y = aX_1^2 + b(X_2 + X_3)^2 + c(X_4 + X_5 + X_6)^2 + d(X_7 + X_8 + X_9 + X_{10})^2$$

服从 χ^2 分布,并求自由度 m.

【例 10】 设随机变量 X 与 Y 相互独立且服从 $N(0, 3^2)$ 分布,$X_1, X_2, \cdots, X_9$ 以及 $Y_1, Y_2,$

$\cdots, Y_9$ 是分别来自总体 X, Y 的样本,求统计量 $\dfrac{a \sum\limits_{i=1}^{9} X_i}{\sqrt{\sum\limits_{i=1}^{9} Y_i^2}}$ 的分布以及常数 a.

六、典型题型答案

题型一: 统计量的数字特征

【例 1】 解析:

利用常见随机变量的性质以及方差计算公式可知:

$$E(S^2) = D(X) = E(X^2) - E^2(X)$$

又因为

$$E(X^2) = \int_{-\infty}^{+\infty} \frac{1}{2} x^2 e^{-|x|} \, dx = \int_0^{+\infty} x^2 e^{-x} \, dx = 2$$

$$E(X) = \int_{-\infty}^{+\infty} \frac{1}{2} x e^{-|x|} \, dx = 0$$

所以 $E(S^2) = D(X) = 2 - 0 = 2$.

【例 2】 解析:

$$\text{原式} = \frac{1}{n_1 + n_2 - 2} \left\{ E\left[\sum_{i=1}^{n_1} (X_i - \overline{X})^2 \right] + E\left[\sum_{j=1}^{n_2} (Y_j - \overline{Y})^2 \right] \right\}$$

$$= \frac{1}{n_1 + n_2 - 2} \left\{ E[(n_1 - 1)S_X^2] + E[(n_2 - 1)S_Y^2] \right\}$$

$$= \frac{(n_1 - 1)E(S_X^2) + (n_2 - 1)E(S_Y^2)}{n_1 + n_2 - 2}$$

因为 $E(S^2) = \sigma^2$,所以由题设可知

$$E\left[\frac{\sum\limits_{i=1}^{n_1} (X_i - \overline{X})^2 + \sum\limits_{j=1}^{n_2} (Y_j - \overline{Y})^2}{n_1 + n_2 - 2} \right] = \sigma^2$$

【例 3】 解析:

根据样本方差 $S^2 = \dfrac{1}{n-1}\sum\limits_{i=1}^{n}(X_i - \overline{X})^2$ 的性质可知 $E(S^2) = D(X) = m\theta(1-\theta)$，从而有

$$E\Big[\sum_{i=1}^{n}(X_i - \overline{X})^2\Big] = (n-1)E(S^2) = (n-1)m\theta(1-\theta)$$

选（B）.

【例 4】 解析：

$$E(T_1) = E\Big(\frac{1}{n}\sum_{i=1}^{n}X_i\Big) = \frac{1}{n}E\Big(\sum_{i=1}^{n}X_i\Big) = \frac{1}{n} \cdot n \cdot E(X) = \lambda$$

$$E(T_2) = E\Big(\frac{1}{n-1}\sum_{i=1}^{n-1}X_i + \frac{1}{n}X_n\Big) = \frac{1}{n-1}E\Big(\sum_{i=1}^{n-1}X_i\Big) + \frac{1}{n}E(X_n)$$

$$= \frac{1}{n-1} \cdot (n-1)E(X_i) + \frac{1}{n}E(X_n) = \Big(1 + \frac{1}{n}\Big)\lambda$$

所以 $E(T_1) < E(T_2)$.

$$D(T_1) = D\Big(\frac{1}{n}\sum_{i=1}^{n}X_i\Big) = \frac{1}{n^2} \cdot n \cdot D(X) = \frac{1}{n}D(X) = \frac{\lambda}{n}$$

$$D(T_2) = D\Big(\frac{1}{n-1}\sum_{i=1}^{n-1}X_i + \frac{1}{n}X_n\Big) = \frac{1}{(n-1)^2} \cdot D\Big(\sum_{i=1}^{n-1}X_i\Big) + \frac{1}{n^2}D(X_n)$$

$$= \frac{1}{(n-1)^2} \cdot (n-1) \cdot D(X) + \frac{1}{n^2} \cdot D(X)$$

$$= \frac{\lambda}{n-1} + \frac{\lambda}{n^2} = \Big(\frac{1}{n-1} + \frac{1}{n^2}\Big)\lambda$$

由于当 $n \geq 2$ 时，$\dfrac{1}{n} < \dfrac{1}{n-1} + \dfrac{1}{n^2}$，所以 $D(T_1) < D(T_2)$. 选（D）.

【例 5】 解析：

（1） $E(T) = E\Big(\overline{X}^2 - \dfrac{1}{n}S^2\Big) = E(\overline{X}^2) - E\Big(\dfrac{1}{n}S^2\Big)$，由 $X \sim N(\mu, \sigma^2)$，得 $\overline{X} \sim N\Big(\mu, \dfrac{\sigma^2}{n}\Big)$，所以

$$E(\overline{X}^2) = D(\overline{X}) + E^2(\overline{X}) = \frac{1}{n}\sigma^2 + \mu^2, \quad E(S^2) = \sigma^2$$

因此 $E(T) = E^2(\overline{X}) - \dfrac{1}{n}\sigma^2 = \dfrac{1}{n}\sigma^2 + \mu^2 - \dfrac{1}{n}\sigma^2 = \mu^2$，所以 T 是 μ^2 的无偏估计量.

（2） 因为 $X \sim N(\mu, \sigma^2)$，所以 $\overline{X}$ 与 S^2 独立，因此

$$D(T) = D(\overline{X}^2) + \frac{1}{n^2}D(S^2)$$

当 $\mu = 0, \sigma = 1$ 时，$\overline{X} \sim N\Big(0, \dfrac{1}{n}\Big)$.

标准化得 $\dfrac{\overline{X}}{1/\sqrt{n}} \sim N(0,1)$，于是有 $n\overline{X}^2 \sim \chi^2(1)$，且 $D(n\overline{X}^2) = 2$. 又因为 $W = (n-1)S^2 \sim$

$\chi^2(n-1)$，所以 $D(W) = (n-1)^2 D(S^2) = 2(n-1)$. 则

$$D(T) = D(\overline{X}^2) + \frac{1}{n^2}D(S^2) = \frac{1}{n^2}D(n\overline{X}^2) + \frac{1}{n^2} \frac{1}{(n-1)^2}D[(n-1)S^2]$$

$$= \frac{2}{n^2} + \frac{2(n-1)}{n^2(n-1)^2} = \frac{2}{n(n-1)}$$

题型二：确定统计量分布类型

【例6】 解析：

X_1, X_2, X_3 是来自正态总体 $N(0, \sigma^2)$ 的简单随机样本，则 $X_1 - X_2$ 与 $|X_3|$ 独立，$X_1 -$

$X_2 \sim N(0, 2\sigma^2)$，则 $\dfrac{X_1 - X_2}{\sqrt{2}\sigma} \sim N(0,1)$，$\dfrac{X_3}{\sigma} \sim N(0,1)$，则 $\dfrac{X_3^2}{\sigma^2} \sim \chi^2(1)$，因此 $\dfrac{\dfrac{X_1 - X_2}{\sqrt{2}\sigma}}{\sqrt{\dfrac{X_3^2}{\sigma^2}}} \sim t(1)$，即

$\dfrac{X_1 - X_2}{\sqrt{2}|X_3|} \sim t(1)$. 选(C).

【例7】 解析：

此题主要考查三大分布的分布条件，(A)、(B)、(D)都需要补充条件"X 和 Y 相互独立"才正确.(C)中 X^2 和 Y^2 都服从 $\chi^2(1)$ 分布，故本题选择(C).

【例8】 解析：

当 $S^2 = \dfrac{1}{n-1}\sum\limits_{i=1}^{n}(X_i - \overline{X})^2$ 时，服从自由度 $n-1$ 的 t 分布的随机变量应为 $T = \dfrac{\overline{X} - \mu}{S/\sqrt{n}}$.

由 $S_1^2 = \dfrac{1}{n-1}\sum\limits_{i=1}^{n}(X_i - \overline{X})^2 = S^2$，得 $T = \dfrac{\overline{X} - \mu}{S_1/\sqrt{n}} \sim t(n-1)$，(A) 错误.

因为

$$S_2^2 = \frac{1}{n}\sum_{i=1}^{n}(X_i - \overline{X})^2 = \frac{n-1}{n} \cdot \frac{1}{n-1}\sum_{i=1}^{n}(X_i - \overline{X})^2 = \frac{n-1}{n}S^2$$

所以

$$T = \frac{\overline{X} - \mu}{S_2/\sqrt{n-1}} = \frac{\overline{X} - \mu}{\sqrt{\dfrac{n-1}{n}}S / \sqrt{n-1}} = \frac{\overline{X} - \mu}{S/\sqrt{n}} \sim t(n-1)$$

选(B).

题型三：确定分布中的未知数

【例9】 解析：

由于 X_i 独立且服从 $N(0, 2^2)$ 分布，则有

$$X_1 \sim N(0,4), \quad X_2 + X_3 \sim N(0,8)$$
$$X_4 + X_5 + X_6 \sim N(0,12), \quad X_7 + X_8 + X_9 + X_{10} \sim N(0,16)$$

因此

$$\frac{1}{4}X_1^2 \sim \chi^2(1), \quad \frac{1}{8}(X_2 + X_3)^2 \sim \chi^2(1), \quad \frac{1}{12}(X_4 + X_5 + X_6)^2 \sim \chi^2(1)$$
$$\frac{1}{16}(X_7 + X_8 + X_9 + X_{10})^2 \sim \chi^2(1)$$

由 χ^2 分布的可加性知

$$\frac{1}{4}X_1^2 + \frac{1}{8}(X_2 + X_3)^2 + \frac{1}{12}(X_4 + X_5 + X_6)^2 + \frac{1}{16}(X_7 + X_8 + X_9 + X_{10})^2 \sim \chi^2(4)$$

所以，当 $a = \dfrac{1}{4}, b = \dfrac{1}{8}, c = \dfrac{1}{12}, d = \dfrac{1}{16}$ 时，Y 服从自由度为 4 的 χ^2 分布.

【例 10】 解析：

由于 X_i，Y_i 均服从 $N(0,3^2)$ 且独立，则有

$$\sum_{i=1}^{9} X_i \sim N(0,9^2), \quad \frac{Y_i}{3} \sim N(0,1)$$

且独立，则

$$\frac{\sum\limits_{i=1}^{9} X_i}{9} \sim N(0,1), \quad \sum_{i=1}^{9} \left(\frac{Y_i}{3}\right)^2 \sim \chi^2(9)$$

故

$$\frac{\sum\limits_{i=1}^{9} X_i \Big/ 9}{\sqrt{\sum\limits_{i=1}^{9} \left(\frac{Y_i}{3}\right)^2 \Big/ 9}} = \frac{\sum\limits_{i=1}^{9} X_i}{\sqrt{\sum\limits_{i=1}^{9} Y_i^2}} \sim t(9)$$

可知 $a = 1$.

第七章 参 数 估 计

┌─────────────────┐
│ 考 试 内 容 │
└─────────────────┘

点估计的概念 估计量与估计值 矩估计法 最大似然估计法 估计量的评选标准 区间估计的相关概念(数一) 单正态总体的均值和方差的区间估计(数一) 双正态总体的均值差的区间估计(数一)

┌─────────────────┐
│ 考 试 要 求 │
└─────────────────┘

1. 理解参数的点估计、估计量与估计值的概念.

2. 掌握矩估计法(一阶矩、二阶矩)和最大似然估计法.

3. 了解估计量的无偏性、有效性(最小方差性)和一致性(相合性)的概念,并会验证估计量的无偏性(数一).

4. 理解区间估计的概念,会求单正态总体的均值和方差的置信区间,会求双正态总体的均值差的置信区间(数一).

一、点估计

1. 点估计法

用样本 $X_1, X_2, \cdots, X_n$ 构造的统计量 $\hat{\theta}(X_1, X_2, \cdots, X_n)$ 来估计未知参数 θ,称为点估计. 统计量 $\hat{\theta}(X_1, X_2, \cdots, X_n)$ 也为随机变量,称为 θ 的估计量. 当对样本进行观测后,对应有观测值 $x_1, x_2, \cdots, x_n$,称 $\hat{\theta}(x_1, x_2, \cdots, x_n)$ 为 θ 的估计值.

我们需要掌握两种点估计法:矩估计法与最大似然估计法.

2. 矩估计法

令样本矩等于相应的总体矩,然后求出要估计的参数,这种方法称为矩估计法.

矩估计法使用的样本矩与总体矩如下表所示.

—	样本矩	总体矩
k 阶原点矩	$A_k = \dfrac{1}{n}\sum_{i=1}^{n} X_i^k$	$E(X^k)$
k 阶中心矩	$B_k = \dfrac{1}{n}\sum_{i=1}^{n}(X_i - \bar{X})^k$	$E[X - E(X)]^k$

【例 7.1】 若总体 X 服从指数分布 $E(\lambda)$, $\lambda > 0$ 为未知参数,求 λ 的矩估计量.

【解析】 令一阶样本原点矩等于一阶总体原点矩,由于样本矩为 $\dfrac{1}{n}\sum_{i=1}^{n} X_i$, 总体矩为

$$E(X) = \frac{1}{\lambda}, 令 \frac{1}{n}\sum_{i=1}^{n}X_i = \frac{1}{\lambda}, 解得 \hat{\lambda} = \frac{1}{\frac{1}{n}\sum_{i=1}^{n}X_i} = \frac{1}{\overline{X}}.$$

【例7.2】 若总体 X 的分布律为 $\begin{pmatrix} 1 & 2 \\ \theta & 1-\theta \end{pmatrix}$，$\theta$ 为未知参数，对取自总体的样本 X_1, X_2，X_3, X_4 进行观测，得观测值 $1, 2, 2, 1$. 求参数 θ 的矩估计值.

【解析】 令一阶样本原点矩等于一阶总体原点矩，因为样本矩为 $\frac{1}{4}\sum_{i=1}^{4}x_i = \frac{3}{2}$，总体矩为

$E(X) = 1 \times \theta + 2 \times (1-\theta) = 2 - \theta$，所以有 $2 - \theta = \frac{3}{2}$，故矩估计值 $\hat{\theta} = \frac{1}{2}$.

3. 最大似然估计法

1）似然函数概念
设有总体 X，且 $X_1, X_2, \cdots, X_n$ 是取自总体 X 的样本，样本观测值为 $x_1, x_2, \cdots, x_n$.
（1）若总体 X 为离散型.
总体 X 的分布律为 $P\{X = x_i\} = p(x_i, \theta)$，$i = 1, 2, \cdots$，称函数

$$L(\theta) = L(X_1, X_2, \cdots, X_n; \theta) = \sum_{i=1}^{n}p(X_i; \theta)$$

为参数 θ 的似然函数.
（2）若总体 X 为连续型.
总体 X 的概率密度函数为 $f(x; \theta)$，称函数

$$L(\theta) = L(X_1, X_2, \cdots, X_n; \theta) = \sum_{i=1}^{n}f(x_i; \theta)$$

为参数 θ 的似然函数.

2）最大似然估计法概念
对于给定的观测值 $x_1, x_2, \cdots, x_n$，使似然函数 $L(X_1, X_2, \cdots, X_n; \theta)$ 取得最大值的参数值 $\hat{\theta} = \hat{\theta}(x_1, x_2, \cdots, x_n)$ 称为未知参数 θ 的最大似然估计值. 相应地，$\hat{\theta} = \hat{\theta}(X_1, X_2, \cdots, X_n)$ 称为未知参数 θ 的最大似然估计量.

【例7.3】 设总体 X 的分布为

$$f(x) = \begin{cases} (\theta+1)x^{\theta}, & 0 < x < 1 \\ 0, & 其他 \end{cases}$$

其中，θ 是未知参数，$X_1, X_2, \cdots, X_n$ 为来自总体 X 的简单随机样本. 试分别用矩估计法和最大似然估计法估计 θ.

【解析】 （1）矩估计法.
因为

$$E(X) = \int_{-\infty}^{+\infty}xf(x)\mathrm{d}x = \int_{0}^{1}(1+\theta)x^{\theta+1}\mathrm{d}x = \frac{1+\theta}{2+\theta}$$

$$\overline{X} = \frac{1}{n}\sum_{i=1}^{n}X_i$$

令

$$E(X) = \overline{X}$$

有

$$\frac{1+\theta}{2+\theta}=\overline{X}$$

解得

$$\hat{\theta}=\frac{2\overline{X}-1}{1-\overline{X}}$$

(2) 最大似然估计法.

记样本 $X_1,X_2,\cdots,X_n$ 的观测值为 $x_1,x_2,\cdots,x_n$. 由题意有,似然函数为

$$L(\theta)=p(x_1,x_2,\cdots,x_n;\theta)=\begin{cases}(1+\theta)^n\prod_{i=1}^{n}x_i^\theta, & 0<x_i<1(i=1,2,\cdots)\\[2mm]0, & \text{其他}\end{cases}$$

当 $0<x_i<1$ 时,取对数得

$$\ln L=n\ln(1+\theta)+\theta\sum_{i=1}^{n}\ln x_i$$

令

$$\frac{\mathrm{d}\ln L}{\mathrm{d}\theta}=\frac{n}{1+\theta}+\sum_{i=1}^{n}\ln x_i=0$$

求解得唯一解

$$\hat{\theta}=-\frac{n}{\sum_{i=1}^{n}\ln x_i}-1$$

则 θ 的最大似然估计量为

$$\hat{\theta}=-\frac{n}{\sum_{i=1}^{n}\ln X_i}-1$$

【例 7.4】 若总体 X 的分布律为 $\begin{pmatrix}1 & 2\\ \theta & 1-\theta\end{pmatrix}$,$\theta$ 为未知参数,对取自总体的样本 $X_1,X_2,$ X_3,X_4 进行观测,得观测值 $1,2,2,1$.求参数 θ 的最大似然估计值.

【解析】 由样本观测值 $1,2,2,1$ 可得似然函数

$$L(\theta)=P\{X_1=1,X_2=2,X_3=2,X_4=1\}=\theta^2(1-\theta)^2$$

取对数有

$$\ln L(\theta)=2\ln\theta+2\ln(1-\theta)$$

求导可得

$$\frac{\mathrm{d}\ln L(\theta)}{\mathrm{d}\theta}=\frac{2}{\theta}-\frac{2}{1-\theta}$$

令

$$\frac{\mathrm{d}\ln L(\theta)}{\mathrm{d}\theta}=0$$

得最大似然估计值 $\hat{\theta}=\frac{1}{2}$.

【例 7.5】 设总体 X 的概率密度函数为

$$f(x;\theta)=\begin{cases}\dfrac{1}{1-\theta}, & \theta\leqslant x\leqslant 1\\[2mm]0, & 其他\end{cases}$$

其中,θ 为未知参数,$X_1,X_2,\cdots,X_n$ 为来自总体 X 的简单随机样本.

(1) 求 θ 的矩估计量;

(2) 求 θ 的最大似然估计量.

【解析】 (1) 由 $E(X)=\displaystyle\int_{-\infty}^{+\infty}xf(x)\mathrm{d}x=\dfrac{1+\theta}{2}=\overline{X}$,解得 $\theta=2\overline{X}-1$. 所以 θ 的矩估计量

为 $\hat{\theta}=2\overline{X}-1$,其中,$\overline{X}=\dfrac{1}{n}\displaystyle\sum_{i=1}^{n}X_i$.

(2) 设 $x_1,x_2,\cdots,x_n$ 为样本观测值,则似然函数 $L(\theta)=\displaystyle\prod_{i=1}^{n}f(x_i;\theta)$. 当 $\theta\leqslant x_i\leqslant 1$ 时,

$L(\theta)=\left(\dfrac{1}{1-\theta}\right)^n$,可得 $\ln L(\theta)=-n\ln(1-\theta)$,所以 $\dfrac{\mathrm{d}\ln L(\theta)}{\mathrm{d}\theta}=\dfrac{n}{1-\theta}$,关于 θ 单调增加. 故 θ 的

最大似然估计量 $\hat{\theta}=\min\{X_1,X_2,\cdots,X_n\}$.

【例 7.6】 设总体 X 的概率密度函数 $f(x)=\begin{cases}\dfrac{1}{\theta}\mathrm{e}^{-\frac{x-\mu}{\theta}}, & x\geqslant\mu,\\[2mm]0, & 其他.\end{cases}$ 其中,$\theta>0$,求:

(1) μ,θ 的矩估计;

(2) μ,θ 的最大似然估计.

【解析】 (1) 由题意得

$$E(X)=\int_{\mu}^{+\infty}x\cdot\dfrac{1}{\theta}\mathrm{e}^{-\frac{x-\mu}{\theta}}\mathrm{d}x=\mu+\theta=\overline{X}$$

$$E(X^2)=\int_{\mu}^{+\infty}x^2\dfrac{1}{\theta}\mathrm{e}^{-\frac{x-\mu}{\theta}}\mathrm{d}x=(\mu+\theta)^2+\theta^2=\dfrac{1}{n}\sum_{i=1}^{n}X_i^2$$

可得

$$\hat{\theta}=\sqrt{\dfrac{1}{n}\sum_{i=1}^{n}(X_i-\overline{X})^2}$$

$$\hat{\mu}=\overline{X}-\sqrt{\dfrac{1}{n}\sum_{i=1}^{n}(X_i-\overline{X})^2}$$

(2) 记联合概率密度函数为

$$L(\theta,\mu)=\prod_{i=1}^{n}f(x_i)=\begin{cases}\displaystyle\prod_{i=1}^{n}\dfrac{1}{\theta}\mathrm{e}^{-\frac{X_i-\mu}{\theta}}, & X_i\geqslant\mu\\[3mm]0, & X_i<\mu\end{cases}$$

当 $X_i\geqslant\mu$ 时取对数得

$$\ln L(\theta,\mu)=-n\ln\theta-\dfrac{\displaystyle\sum_{i=1}^{n}X_i-n\mu}{\theta}$$

则有

$$\begin{cases} \dfrac{\partial \ln L(\theta,\mu)}{\partial \theta} = -\dfrac{n}{\theta} + \dfrac{\displaystyle\sum_{i=1}^{n} X_i - n\mu}{\theta^2} = 0 \\[4mm] \dfrac{\partial \ln L(\theta,\mu)}{\partial \mu} = \dfrac{n}{\theta} > 0 \end{cases}$$

由 $\dfrac{n}{\theta}>0$ 知 $L(\theta,\mu)$ 是关于 μ 的单调递增函数,有 $\hat{\mu}=\min(X_i)$,将 $\hat{\mu}=\min(X_i)$ 代入 $\dfrac{\partial \ln L(\theta,\mu)}{\partial \theta}=0$,得:$\hat{\theta}=\overline{X}-\min(X_i)$.

二、估计量的评选标准(数一)

1. 无偏性

设 $\hat{\theta}$ 是 θ 的估计量,若满足 $E(\hat{\theta})=\theta$,则称 $\hat{\theta}=\hat{\theta}(X_1,X_2,\cdots,X_n)$ 是未知参数 θ 的无偏估计(量).

2. 有效性

设 $\hat{\theta}_1$ 与 $\hat{\theta}_2$ 都是 θ 的无偏估计量,若 $D(\hat{\theta}_1)\geqslant D(\hat{\theta}_2)$,则称 $\hat{\theta}_2$ 是比 $\hat{\theta}_1$ 更有效的估计(量).

3. 一致性

设 $\hat{\theta}$ 是 θ 的估计量,若 $\hat{\theta}$ 依概率收敛于 θ,即:对于任意 $\varepsilon>0$,有
$$\lim_{n\to\infty} P\{|\hat{\theta}-\theta|<\varepsilon\}=1$$
则称 $\hat{\theta}=\hat{\theta}(X_1,X_2,\cdots,X_n)$ 是 θ 的一致(相合)估计(量).

【例 7.7】 设 $X_1,X_2,\cdots,X_n$ 是来自总体的简单随机样本,试证:
$$\hat{\mu}_1 = \frac{1}{5}X_1 + \frac{3}{10}X_2 + \frac{1}{2}X_3$$
$$\hat{\mu}_2 = \frac{1}{3}X_1 + \frac{1}{4}X_2 + \frac{5}{12}X_3$$
$$\hat{\mu}_3 = \frac{1}{3}X_1 + \frac{3}{4}X_2 - \frac{1}{12}X_3$$

都是总体均值 μ 的无偏估计,并比较哪一个最有效.

【解析】 因为 $X_1,X_2,\cdots,X_n$ 是来自总体的简单随机样本,所以 $X_1,X_2,\cdots,X_n$ 相互独立,同分布.

设 $E(X_i)=\mu(i=1,2,\cdots,n)$,所以
$$E(\hat{\mu}_1) = \frac{1}{5}E(X_1) + \frac{3}{10}E(X_2) + \frac{1}{2}E(X_3) = \left(\frac{1}{5}+\frac{3}{10}+\frac{1}{2}\right)\mu = \mu$$

同理 $E(\hat{\mu}_2)=E(\hat{\mu}_3)=\mu$. 即 $\hat{\mu}_1,\hat{\mu}_2,\hat{\mu}_3$ 都是总体均值 μ 的无偏估计,又因为
$$D(\hat{\mu}_1) = \frac{1}{25}D(X_1) + \frac{9}{100}D(X_2) + \frac{1}{4}D(X_3) = \frac{19}{50}D(X)$$

同理
$$D(\hat{\mu}_2) = \frac{25}{72}D(X)$$

$$D(\hat{\mu}_3) = \frac{49}{72}D(X)$$

故 $\hat{\mu}_2$ 最有效.

三、区间估计

1. 置信区间

1）置信区间的概念

设总体 X 含有未知参数 θ，且 $X_1, X_2, \cdots, X_n$ 是取自总体的样本，对于给定的 $\alpha(0 < \alpha < 1)$，若两个统计量 θ_1, θ_2 满足 $P(\theta_1 < \theta < \theta_2) = 1-\alpha$，则称随机区间 (θ_1, θ_2) 为参数 θ 的置信水平（置信度）为 $1-\alpha$ 的置信区间（区间估计），θ_1, θ_2 分别称为置信下限和置信上限.

2）求置信区间的原理

确定统计量 $T = T(X_1, X_2, \cdots, X_n; \theta)$，对于给定的置信水平 $1-\alpha$，需满足：

$$P(A < T < B) = 1-\alpha$$

从上式中得到 $\theta_1 < \theta < \theta_2$，则得到置信区间 (θ_1, θ_2).

2. 正态总体参数的区间估计

一	参数	条件	统计量	置信区间
单正态总体	均值 μ 的 $1-\alpha$ 的置信区间	σ^2 已知	$Z = \dfrac{\overline{X}-\mu}{\sigma/\sqrt{n}} \sim N(0,1)$	$\left(\overline{X} - \dfrac{\sigma}{\sqrt{n}}Z_{\frac{\alpha}{2}}, \overline{X} + \dfrac{\sigma}{\sqrt{n}}Z_{\frac{\alpha}{2}}\right)$
		σ^2 未知	$T = \dfrac{\overline{X}-\mu}{S/\sqrt{n}} \sim t(n-1)$	$\left(\overline{X} - \dfrac{S}{\sqrt{n}}t_{\frac{\alpha}{2}}(n-1), \overline{X} + \dfrac{S}{\sqrt{n}}t_{\frac{\alpha}{2}}(n-1)\right)$
	方差 σ^2 的 $1-\alpha$ 的置信区间	μ 未知	$\chi^2 = \dfrac{(n-1)S^2}{\sigma^2} \sim \chi^2(n-1)$	$\left(\dfrac{(n-1)S^2}{\chi^2_{\frac{\alpha}{2}}(n-1)}, \dfrac{(n-1)S^2}{\chi^2_{1-\frac{\alpha}{2}}(n-1)}\right)$
双正态总体	均值 $\mu_1 - \mu_2$ 的置信区间	σ_1^2, σ_2^2 已知	$U = \dfrac{(\overline{X}-\overline{Y})-(\mu_1-\mu_2)}{\sqrt{\dfrac{\sigma_1^2}{n_1}+\dfrac{\sigma_2^2}{n_2}}} \sim N(0,1)$	$\left(\overline{X}-\overline{Y}-U_{\frac{\alpha}{2}}\sqrt{\dfrac{\sigma_1^2}{n_1}+\dfrac{\sigma_2^2}{n_2}},\right.$ $\left.\overline{X}-\overline{Y}+U_{\frac{\alpha}{2}}\sqrt{\dfrac{\sigma_1^2}{n_1}+\dfrac{\sigma_2^2}{n_2}}\right)$
		$\sigma_1^2 = \sigma_2^2 = \sigma^2$，但 σ^2 未知	$T = \dfrac{(\overline{X}-\overline{Y})-(\mu_1-\mu_2)}{S_\omega\sqrt{\dfrac{1}{n_1}+\dfrac{1}{n_2}}}$ $\sim t(n_1+n_2-2)$ $S_\omega^2 = \dfrac{(n_1-1)S_1^2+(n_2-1)S_2^2}{n_1+n_2-2}$	$\left(\overline{X}-\overline{Y}-t_{\frac{\alpha}{2}}(n_1+n_2-2)S_\omega\sqrt{\dfrac{1}{n_1}+\dfrac{1}{n_2}},\right.$ $\left.\overline{X}-\overline{Y}+t_{\frac{\alpha}{2}}(n_1+n_2-2)S_\omega\sqrt{\dfrac{1}{n_1}+\dfrac{1}{n_2}}\right)$

【例 7.8】 设有来自正态总体 $X \sim N(\mu, 0.9^2)$，容量为 9 的简单随机样本，若得到样本均值 $\overline{X} = 5$，则未知参数 μ 的置信度为 0.95 的置信区间为_____.

【解析】 据题意可知

$$P\left\{\left|\frac{5-\mu}{0.9/\sqrt{9}}\right|<u_{0.025}\right\}=1-0.05=0.95,$$

又

$$\frac{0.9}{\sqrt{9}}u_{0.025}=0.3\times1.96=0.588$$

由 $\left|\dfrac{5-\mu}{0.9/\sqrt{9}}\right|<u_{0.025}$，得 $5-0.588<\mu<5+0.588$，即 $\mu\in(4.412,5.588)$.

四、典型题型

题型一：点估计的计算

点估计的计算一般以解答题的形式进行考查，属于重要考点.

【解题思路总述】

(1) 矩估计的计算步骤为：

① 求出总体矩；

② 写出相应的样本矩；

③ 令样本矩等于总体矩，解出参数即为矩估计.

(2) 最大似然估计的计算步骤为：

① 写出似然函数；

② 对似然函数取对数；

③ 对取对数后的似然函数中的未知参数求导（或偏导）；

④ 判断参数取何值时对数似然函数有最大值，此时参数的取值即为最大似然估计.

【例1】 设总体 X 的概率密度函数为

$$f(x;\theta)=\begin{cases}\dfrac{\theta^2}{x^3}e^{-\frac{\theta}{x}}, & x>0\\[2mm] 0, & \text{其他}\end{cases}$$

其中，θ 为未知参数且大于零，$X_1,X_2,\cdots,X_n$ 为来自总体 X 的简单随机样本.

(1) 求 θ 的矩估计量；

(2) 求 θ 的最大似然估计量.

【例2】 设总体 X 的分布律为

X	1	2	3
P	θ^2	$2\theta(1-\theta)$	$(1-\theta)^2$

已知样本 X_1,X_2,X_3 来自总体 X，其观测值为 $x_1=1,x_2=2,x_3=1$，分别求未知参数 θ 的矩估计值 $\hat{\theta}_1$ 和最大似然估计值 $\hat{\theta}_2$.

【例3】 设总体 $X\sim N(\mu,\sigma^2)$，$X_1,X_2,\cdots,X_n$ 是取自总体 X 的样本，求对 μ,σ^2 的最大似然估计量.

【例4】 设随机变量 X 的分布函数为

$$F(x;\alpha,\beta)=\begin{cases} 1-\left(\dfrac{\alpha}{x}\right)^{\beta}, & x>\alpha \\ 0, & x\leqslant\alpha \end{cases}$$

其中,参数 $\alpha>0,\beta>1$. 设 $X_1,X_2,\cdots,X_n$ 为来自总体 X 的简单随机样本.

（1）当 $\alpha=1$ 时,求未知参数 β 的矩估计量;

（2）当 $\alpha=1$ 时,求未知参数 β 的最大似然估计量;

（3）当 $\beta=2$ 时,求未知参数 α 的最大似然估计量.

【例5】 设总体 X 的概率密度函数为 $f(x;\theta)=\begin{cases} \theta, & 0<x<1, \\ 1-\theta, & 1\leqslant x<2, \\ 0, & \text{其他}. \end{cases}$ 其中,$\theta(0<\theta<1)$ 是未知参数,$X_1,X_2,\cdots,X_n$ 为来自总体 X 的简单随机样本,记 N 为样本观测值 $x_1,x_2,\cdots,x_n$ 中小于 1 的个数,求 θ 的最大似然估计.

【例6】 设总体 $X\sim U[-\theta,\theta]$,且 $X_1,X_2,\cdots,X_n$ 是来自总体 X 的简单随机样本,求参数 θ 的最大似然估计.

【例7】 设随机变量 X 与 Y 相互独立且分别服从正态分布 $N(\mu,\sigma^2)$ 与 $N(\mu,2\sigma^2)$,其中,$\sigma(\sigma>0)$共产党是未知参数. 记 $Z=X-Y$.

（1）求 Z 的概率密度函数 $f(z;\sigma^2)$;

（2）设 $Z_1,Z_2,\cdots,Z_n$ 为来自总体 Z 的简单随机样本,求 σ^2 的最大似然估计量 $\hat{\sigma}^2$;

（3）证明 $\hat{\sigma}^2$ 为 σ^2 的无偏估计量.

题型二：点估计的评选标准

点估计评选标准的考查形式一般为填空题或者解答题的一小问,主要考查无偏性,只需熟记无偏估计量满足 $E(\hat{\theta})=\theta$,并计算 $E(\hat{\theta})$ 即可.

【解题思路总述】

（1）判断随机变量是否为无偏估计量:计算期望并验证 $E(\hat{\theta})=\theta$ 是否成立;

（2）已知随机变量为无偏估计量,求参数:计算期望,并令 $E(\hat{\theta})=\theta$,求解参数.

【例8】 设总体 X 的概率密度函数为 $f(x;\theta)=\begin{cases} \dfrac{2x}{3\theta^2}, & \theta<x<2\theta, \\ 0, & \text{其他}. \end{cases}$ 其中,θ 是未知参数.

$X_1,X_2,\cdots,X_n$ 为来自总体 X 的简单随机样本,若 $c\sum\limits_{i=1}^{n}X_i^2$ 是 θ^2 的无偏估计,则 $c=$ _____.

【例9】 设总体 X 的概率密度函数为

$$f(x;\theta)=\begin{cases} \dfrac{1}{2\theta}, & 0<x<\theta \\ \dfrac{1}{2(1-\theta)}, & \theta\leqslant x<1 \\ 0, & \text{其他} \end{cases}$$

其中,参数 $\theta(0<\theta<1)$ 未知,$X_1,X_2,\cdots,X_n$ 是来自总体 X 的简单随机样本,$\overline{X}$ 是样本均值.

（1）求参数 θ 的矩估计量 $\hat{\theta}$;

（2）判断 $4\overline{X}^2$ 是否为 θ^2 的无偏估计量,并说明理由.

【例10】 设总体 X 的概率分布为

X	1	2	3
P	$1-\theta$	$\theta-\theta^2$	θ^2

其中,参数 $\theta\in(0,1)$ 未知,用 N_i 表示来自总体 X 的简单随机样本(样本容量为 n)中等于 i 的个数 $(i=1,2,3)$.试求常数 a_1,a_2,a_3,使 $T=\sum_{i=1}^{3}a_iN_i$ 为 θ 的无偏估计量,并求 T 的方差.

【例 11】 设 $X_1,X_2,\cdots,X_n$ 是取自总体 $X\sim N(\mu,\sigma^2)$ 的样本,试证 $S^2=\dfrac{1}{n-1}\sum_{i=1}^{n}(X_i-\overline{X})^2$ 是 σ^2 的相合估计量.

题型三:区间估计

【解题思路总述】

根据题中叙述确定题目对应正态总体下参数估计表中的哪种情况,将数据带入对应区间估计结论中即可.

【例 12】 设 $X_1,X_2,\cdots,X_n$ 为来自总体 $N(\mu,\sigma^2)$ 的简单随机样本,样本均值 $\overline{X}=9.5$,参数 μ 的置信度为 0.95 的置信区间的置信上限为 10.8,则 μ 的置信度为 0.95 的置信区间为_____.

五、典型题型答案

题型一:点估计的计算

【例 1】 解析:

(1) $E(X)=\displaystyle\int_{-\infty}^{+\infty}xf(x)\mathrm{d}x=\int_{0}^{+\infty}x\dfrac{\theta^2}{x^3}\mathrm{e}^{-\frac{\theta}{x}}\mathrm{d}x=\theta\int_{0}^{+\infty}\mathrm{e}^{-\frac{\theta}{x}}\mathrm{d}\left(-\dfrac{\theta}{x}\right)=\theta$,令 $E(X)=\overline{X}$,故 θ

的矩估计量 $\hat{\theta}=\overline{X}$,其中,$\overline{X}=\dfrac{1}{n}\sum_{i=1}^{n}X_i$.

(2) 设 $x_1,x_2,\cdots,x_n$ 为样本观测值,似然函数为

$$L(\theta)=\prod_{i=1}^{n}f(x_i;\theta)=\begin{cases}\displaystyle\prod_{i=1}^{n}\dfrac{\theta^2}{x_i^3}\mathrm{e}^{-\frac{\theta}{x_i}}, & x_1,x_2,\cdots,x_n>0\\[2mm] 0, & \text{其他}\end{cases}$$

$$=\begin{cases}\dfrac{\theta^{2n}}{(x_1x_2\cdots x_n)^3}\mathrm{e}^{-\theta\sum_{i=1}^{n}\frac{1}{x_i}}, & x_1,x_2,\cdots,x_n>0\\[2mm] 0, & \text{其他}\end{cases}$$

当 $x_1,x_2,\cdots,x_n>0$ 时,$\ln L(\theta)=2n\ln\theta-3\sum_{i=1}^{n}\ln x_i-\theta\sum_{i=1}^{n}\dfrac{1}{x_i}$.

令

$$\dfrac{\mathrm{d}\ln L(\theta)}{\mathrm{d}\theta}=\dfrac{2n}{\theta}-\sum_{i=1}^{n}\dfrac{1}{x_i}=0$$

得 θ 的最大似然估计值为 $\hat{\theta} = \dfrac{2n}{\sum\limits_{i=1}^{n} \dfrac{1}{x_i}}$. 所以最大似然估计量为 $\hat{\theta} = \dfrac{2n}{\sum\limits_{i=1}^{n} \dfrac{1}{X_i}}$.

【例 2】 解析:

(1) 矩估计.

$$E(X) = 1 \times \theta^2 + 2 \times 2\theta(1-\theta) + 3 \times (1-\theta)^2 = 3 - 2\theta$$

$$\overline{X} = \frac{1+2+1}{3} = \frac{4}{3}$$

令 $E(X) = \overline{X}$, 有 $\hat{\theta}_1 = \dfrac{5}{6}$.

(2) 最大似然估计.

对于给定的样本值, 似然函数为:

$$L(\theta) = 2\theta^5 (1-\theta)$$

取对数得

$$\ln L(\theta) = \ln 2 + 5\ln\theta + \ln(1-\theta)$$

令 $\dfrac{\mathrm{d}\ln L(\theta)}{\mathrm{d}\theta} = \dfrac{5}{\theta} - \dfrac{1}{1-\theta} = 0$, 有 $\hat{\theta}_2 = \dfrac{5}{6}$.

【例 3】 解析:

总体概率密度函数为

$$f(x) = \frac{1}{\sqrt{2\pi}\sigma} \mathrm{e}^{-\frac{(x-\mu)^2}{2\sigma^2}}$$

易知似然函数为

$$L(\mu, \sigma^2) = \prod_{i=1}^{n} f(x_i) = (2\pi)^{-\frac{n}{2}} (\sigma^2)^{-\frac{n}{2}} \mathrm{e}^{-\frac{1}{2\sigma^2} \sum\limits_{i=1}^{n} (x_i - \mu)^2}$$

取对数得

$$\ln L(\mu, \sigma^2) = -\frac{n}{2}\ln(2\pi) - \frac{n}{2}\ln(\sigma^2) - \frac{1}{2\sigma^2} \sum_{i=1}^{n} (x_i - \mu)^2$$

对函数求偏导得

$$\begin{cases} \dfrac{\partial \ln L(\mu, \sigma^2)}{\partial \mu} = -\dfrac{1}{\sigma^2} \sum\limits_{i=1}^{n} (x_i - \mu) \\ \dfrac{\partial \ln L(\mu, \sigma^2)}{\partial \sigma^2} = -\dfrac{n}{2\sigma^2} + \dfrac{1}{2\sigma^4} \sum\limits_{i=1}^{n} (x_i - \mu)^2 \end{cases}$$

分别令偏导数等于零:

$$\begin{cases} \dfrac{\partial \ln L(\mu, \sigma^2)}{\partial \mu} = -\dfrac{1}{\sigma^2} \sum\limits_{i=1}^{n} (x_i - \mu) = 0 \\ \dfrac{\partial \ln L(\mu, \sigma^2)}{\partial \sigma^2} = -\dfrac{n}{2\sigma^2} + \dfrac{1}{2\sigma^4} \sum\limits_{i=1}^{n} (x_i - \mu)^2 = 0 \end{cases}$$

解得

$$\hat{\mu} = \frac{1}{n} \sum_{i=1}^{n} X_i = \overline{X}$$

$$\hat{\sigma}^2 = \frac{1}{n} \sum_{i=1}^{n} (X_i - \mu)^2 = \frac{1}{n} \sum_{i=1}^{n} (X_i - \overline{X})^2 = \frac{n-1}{n} S^2$$

其中,$\overline{X}$ 为样本均值,S^2 为样本方差.

【例4】 解析:

当 $\alpha=1$ 时,X 的概率密度函数为

$$f(x;\beta)=\begin{cases}\dfrac{\beta}{x^{\beta+1}}, & x>1,\\ 0, & x\leqslant1\end{cases}$$

(1) $E(X)=\displaystyle\int_{-\infty}^{+\infty}xf(x;\beta)\mathrm{d}x=\int_1^{+\infty}x\cdot\dfrac{\beta}{x^{\beta+1}}\mathrm{d}x=\dfrac{\beta}{\beta-1}$,令 $\dfrac{\beta}{\beta-1}=\overline{X}$,解得 $\beta=\dfrac{\overline{X}}{\overline{X}-1}$,所

以 β 的矩估计量为 $\hat{\beta}=\dfrac{\overline{X}}{\overline{X}-1}$,其中 $\overline{X}=\dfrac{1}{n}\displaystyle\sum_{i=1}^n X_i$.

(2) 设 $x_1,x_2,\cdots,x_n$ 为样本的一组观测值,则似然函数为

$$L(\beta)=\prod_{i=1}^n f(x_i;\beta)=\begin{cases}\dfrac{\beta^n}{(x_1x_2\cdots x_n)^{\beta+1}}, & x_i>1\\ 0, & \text{其他}\end{cases}$$

当 $x_i>1(i=1,2,\cdots)$ 时,$L(\beta)>0$,取对数得

$$\ln L(\beta)=n\ln\beta-(\beta+1)\sum_{i=1}^n\ln x_i$$

两边对 β 求导,得

$$\dfrac{\mathrm{d}\ln L(\beta)}{\mathrm{d}\beta}=\dfrac{n}{\beta}-\sum_{i=1}^n\ln x_i$$

令 $\dfrac{\mathrm{d}\ln L(\beta)}{\mathrm{d}\beta}=0$,可得

$$\beta=\dfrac{n}{\displaystyle\sum_{i=1}^n\ln x_i}$$

故 β 的最大似然估计量为

$$\hat{\beta}=\dfrac{n}{\displaystyle\sum_{i=1}^n\ln X_i}$$

(3) 当 $\beta=2$ 时,X 的概率密度函数为

$$f(x;\alpha)=\begin{cases}\dfrac{2\alpha^2}{x^3}, & x>\alpha\\ 0, & x\leqslant\alpha\end{cases}$$

设 $x_1,x_2,\cdots,x_n$ 为样本的一组观测值,则似然函数为

$$L(\beta)=\prod_{i=1}^n f(x_i;\alpha)=\begin{cases}\dfrac{2^n\alpha^{2n}}{(x_1x_2\cdots x_n)^3}, & x_i>\alpha\\ 0, & \text{其他}\end{cases}$$

当 $x_i>\alpha(i=1,2,\cdots)$ 时,α 越大,$L(\alpha)$ 越大,即 α 的最大似然估计值为

$$\hat{\alpha}=\min\{x_1,x_2,\cdots,x_n\}$$

于是 α 的最大似然估计量为

$$\hat{\alpha}=\min\{X_1,X_2,\cdots,X_n\}$$

【例5】 解析:

对样本 $x_1, x_2, \cdots, x_n$ 按照取值小于 1 和大于等于 1 进行分类，令

$$x_{p_1}, x_{p_2}, \cdots, x_{p_N} < 1, \quad 1 \leqslant x_{p_{N+1}}, x_{p_{N+2}}, \cdots, x_{p_n} < 2$$

似然函数为：

$$L(\theta) = \begin{cases} \theta^N (1-\theta)^{n-N}, & x_{p_1}, x_{p_2}, \cdots, x_{p_N} < 1, x_{p_{N+1}}, 1 \leqslant x_{p_{N+1}}, x_{p_{N+2}}, \cdots, x_{p_n} < 2 \\ 0, & \text{其他} \end{cases}$$

当 $x_{p_1}, x_{p_2}, \cdots, x_{p_N} < 1, 1 \leqslant x_{p_{N+1}}, x_{p_{N+2}}, \cdots, x_{p_n} < 2$ 时，对两边取对数，得

$$\ln L(\theta) = N \ln \theta + (n-N) \ln(1-\theta)$$

求导得

$$\frac{\mathrm{d} \ln L(\theta)}{\mathrm{d}\theta} = \frac{N}{\theta} - \frac{n-N}{1-\theta} = 0$$

解得

$$\theta = \frac{N}{n}$$

故 θ 的最大似然估计为

$$\hat{\theta} = \frac{N}{n}$$

【例 6】 解析：

似然函数为

$$L(\theta) = \prod_{i=1}^{n} f(x_i) = \begin{cases} \dfrac{1}{(2\theta)^n}, & -\theta \leqslant x_i \leqslant \theta \\ 0, & \text{其他} \end{cases}$$

发现 $\dfrac{\mathrm{d} \ln L(\theta)}{\mathrm{d}\theta} \neq 0$，显然，$\theta$ 越小，$\dfrac{1}{(2\theta)^n}$ 越大，但必须满足：$-\theta \leqslant x_i \leqslant \theta$，也就必须有：$\theta \geqslant \max(|x_1|, |x_2|, \cdots, |x_n|)$，$\theta$ 又要尽量小，即最大似然估计为

$$\hat{\theta} = \max\{|X_1|, |X_2|, \cdots, |X_n|\}$$

【例 7】 解析：

（1）因为 X, Y 相互独立且分别服从正态分布，所以 Z 服从正态分布；又 $E(Z) = E(X-Y) = 0, D(Z) = D(X) + D(Y) = 3\sigma^2$，所以 Z 的概率密度函数为

$$f(z) = \frac{1}{\sqrt{6\pi}\sigma} \mathrm{e}^{-\frac{z^2}{6\sigma^2}}$$

（2）设似然函数为

$$L(z_1, z_2, \cdots, z_n; \sigma^2) = \prod_{i=1}^{n} \left(\frac{1}{\sqrt{2\pi}\sqrt{3}\sigma} \mathrm{e}^{-\frac{z_i^2}{6\sigma^2}} \right) \quad (i = 1, 2, \cdots)$$

取对数得

$$\ln L(\sigma^2) = -\frac{n}{2}\ln(6\pi) - \frac{n}{2}\ln\sigma^2 - \frac{1}{6\sigma^2}\sum_{i=1}^{n} z_i^2$$

求导得

$$\frac{\mathrm{d} \ln L(\sigma^2)}{\mathrm{d}(\sigma^2)} = -\frac{n}{2\sigma^2} + \frac{1}{6(\sigma^2)^2}\sum_{i=1}^{n} z_i^2$$

令 $\dfrac{\mathrm{d} \ln L(\sigma^2)}{\mathrm{d}\sigma^2} = 0$，得

$$\sigma^2 = \frac{1}{3n}\sum_{i=1}^{n}z_i^2$$

所以 σ^2 的最大似然估计量为

$$\hat{\sigma}^2 = \frac{1}{3n}\sum_{i=1}^{n}Z_i^2$$

(3) 因为 $E(\hat{\sigma}^2) = \frac{1}{3n}\sum_{i=1}^{n}E(Z_i^2) = \frac{1}{3n}nE(Z^2) = \frac{1}{3}(3\sigma^2 + 0) = \sigma^2$，所以 $\hat{\sigma}^2$ 为 σ^2 的无偏估计量.

题型二：点估计的评选标准

【例8】 解析：

由于 $E(X^2) = \int_{-\infty}^{+\infty}x^2 f(x;\theta)\mathrm{d}x = \int_{\theta}^{2\theta}x^2\frac{2x}{3\theta^2}\mathrm{d}x = \frac{2}{3\theta^2}\cdot\frac{1}{4}x^4\Big|_{\theta}^{2\theta} = \frac{5\theta^2}{2}$，又由于

$E\Big[c\sum_{i=1}^{n}X_i^2\Big] = ncE(X_i^2) = \frac{5n}{2}\theta^2\cdot c = \theta^2$，故 $c = \frac{2}{5n}$.

【例9】 解析：

(1) 由已知得 $E(X) = \int_0^{\theta}\frac{x}{2\theta}\mathrm{d}x + \int_{\theta}^{1}\frac{x}{2(1-\theta)}\mathrm{d}x = \frac{1}{4} + \frac{\theta}{2}$，所以 θ 的矩估计量为 $\hat{\theta} = 2\overline{X} - \frac{1}{2}$，其中，$\overline{X} = \frac{1}{n}\sum_{i=1}^{n}X_i$.

(2) $E(4\overline{X}^2) = 4E(\overline{X}^2) = 4\{D(\overline{X}) + [E(\overline{X})]^2\} = 4\Big\{\frac{1}{n}D(X) + [E(X)]^2\Big\}$，而

$$E(X) = \frac{1}{4} + \frac{1}{2}\theta$$

$$E(X^2) = \int_0^{\theta}\frac{x^2}{2\theta}\mathrm{d}x + \int_{\theta}^{1}\frac{x^2}{2(1-\theta)}\mathrm{d}x = \frac{1}{6}(1+\theta+2\theta^2)$$

所以

$$D(X) = E(X^2) - [E(X)]^2 = \frac{5}{48} - \frac{\theta}{12} + \frac{1}{12}\theta^2$$

因此

$$E(4\overline{X}^2) = \frac{5+3n}{12n} + \frac{3n-1}{3n}\theta + \frac{3n+1}{3n}\theta^2 \neq \theta^2$$

故 $4\overline{X}^2$ 不是 θ^2 的无偏估计量.

【例10】 解析：

由题意，$N_1 \sim B(n,1-\theta)$，$N_2 \sim B(n,\theta-\theta^2)$，$N_3 \sim B(n,\theta^2)$，且

$$\begin{aligned}E(T) &= E\Big(\sum_{i=1}^{3}a_iN_i\Big) = a_1E(N_1) + a_2E(N_2) + a_3E(N_3)\\&= a_1n(1-\theta) + a_2n(\theta-\theta^2) + a_3n\theta^2\\&= na_1 + n(a_2-a_1)\theta + n(a_3-a_2)\theta^2\end{aligned}$$

因为 T 是 θ 的无偏估计量，所以 $E(T) = \theta$，从而

$$na_1 = 0, \quad n(a_2-a_1) = 1, \quad n(a_3-a_2) = 0$$

解得 $a_1 = 0, a_2 = \frac{1}{n}, a_3 = \frac{1}{n}$. 于是

$$T = \frac{1}{n}N_2 + \frac{1}{n}N_3 = \frac{1}{n}(n - N_1)$$

$$D(T) = \frac{1}{n^2}D(n - N_1) = \frac{1}{n^2}D(N_1) = \frac{1}{n^2}n(1-\theta)\theta = \frac{1}{n}\theta(1-\theta)$$

【例 11】 解析：

由于 $\frac{(n-1)S^2}{\sigma^2} \sim \chi^2(n-1)$，所以有

$$E(S^2) = \sigma^2, \quad D(S^2) = \frac{\sigma^4}{(n-1)^2}2(n-1) = \frac{2\sigma^4}{n-1}$$

根据切比雪夫不等式有 $P(|S^2 - \sigma^2| < \varepsilon) \geqslant 1 - \frac{D(S^2)}{\varepsilon^2} = 1 - \frac{2\sigma^4}{(n-1)\varepsilon^2}$，即得 $\lim\limits_{n\to\infty} P(|S^2 - \sigma^2| < \varepsilon) = 1$，所以 S^2 是 σ^2 的相合估计量.

题型三：区间估计

【例 12】 解析：

μ 的置信水平为 $1-\alpha$ 的置信区间为 $\left(\overline{X} - t_{\alpha/2}(n-1)\frac{S}{\sqrt{n}}, \overline{X} + t_{\alpha/2}(n-1)\frac{S}{\sqrt{n}}\right)$，已知样本均值 $\overline{X} = 9.5$，参数 μ 的置信度为 0.95 的置信区间的置信上限为 10.8，所以 $t_{\alpha/2}(n-1)\frac{s}{\sqrt{n}} = 1.3$，所以置信下限为 $9.5 - 1.3 = 8.2$，所以结果为 $(8.2, 10.8)$.

第八章 假设检验(数一)

假设检验的两类错误　显著性检验　单正态总体及双正态总体的假设检验

1. 理解显著性检验的基本思想,掌握假设检验的基本步骤,了解假设检验可能产生的两类错误.

2. 掌握单个及两个正态总体的均值和方差的假设检验.

一、假设检验的概念

1. 假设检验法

假设检验是指根据样本按照一定规则判断所作假设的真伪,并做出接受还是拒绝假设的决定.

2. 两种假设

对总体的论断进行假设检验时,我们经常用到以下两种假设.

1) 原假设

需要重点考查的假设称为原假设(基本假设),常记为 H_0.

2) 备择假设

与原假设相对立的假设称为备择假设(对立假设),常记为 H_1.

3. 检验统计量

进行假设检验时,往往基于某个统计量的观测值去确定接受 H_0 或者拒绝 H_0,称这个统计量为检验统计量.

4. 两类错误

1) 两类错误简述

原假设 H_0 为真,但拒绝了 H_0,称为第一类错误:弃真错误.

原假设 H_0 为假,但接受了 H_0,称为第二类错误:存伪错误.

2) 两类错误的关系

若犯第一类错误的概率为 α,犯第二类错误的概率为 β,当样本容量一定时,犯两类错误的概率是相互制约的，α 变小，则 β 变大；反之，若 β 变小，则 α 变大. 对于取定的 α，要想使 β 变小，则必须增加样本容量.

二、显著性检验

1. 显著性水平

在假设检验中允许犯第一类错误的概率为 $\alpha(0<\alpha<1)$，称 α 为显著性水平，显著性水平反映了对原假设 H_0 弃真的控制程度.

2. 显著性检验

只控制犯第一类错误的概率 α 的假设检验，称为显著性检验.

3. 显著性检验的步骤

(1) 根据题目确定原假设 H_0 和备择假设 H_1.

(2) 确定检验统计量.

(3) 根据显著性水平 α，在原假设 H_0 成立时，确定检验统计量的临界值和接受域（拒绝域）.

(4) 根据样本值计算统计量的取值，判断该取值落入接受域还是拒绝域.

(5) 若统计量取值落入接受域，则接受原假设 H_0；反之，则拒绝 H_0.

【例 8.1】 若总体 X 的概率密度函数有两种可能，假设

$$H_0: f(x) = \begin{cases} \dfrac{1}{2}, & 0 \leq x \leq 2 \\ 0, & x<0, x>2 \end{cases}$$

$$H_1: f(x) = \begin{cases} \dfrac{x}{2}, & 0 \leq x \leq 2 \\ 0, & x<0, x>2 \end{cases}$$

对 X 进行一次观测，得样本 X_1，规定当 $X_1 \geq \dfrac{3}{2}$ 时拒绝 H_0，否则就接受 H_0，计算此检验犯第一类、第二类错误的概率 α、β.

【解析】 第一类错误是弃真，即 H_0 为真的前提下却拒绝了 H_0，故有

$$\alpha = P\left(X_1 \geq \frac{3}{2} \,\middle|\, H_0\right) = \int_{\frac{3}{2}}^{2} \frac{1}{2} \mathrm{d}x = \frac{1}{4}$$

第二类错误是存伪，即 H_0 为假的前提下却接受了 H_0，故有

$$\beta = P\left(X_1 < \frac{3}{2} \,\middle|\, H_1\right) = \int_{0}^{\frac{3}{2}} \frac{x}{2} \mathrm{d}x = \frac{9}{16}$$

三、正态总体参数的假设检验

1. 单正态总体的假设检验

假设 H_0	其他要求	选取统计量	拒 绝 域
$\mu = \mu_0$			$W = \{\, |Z| > Z_{\frac{\alpha}{2}} \,\}$
$\mu \geqslant \mu_0$	$\sigma = \sigma_0$ 已知	$Z = \dfrac{\overline{X} - \mu_0}{\sigma_0 / \sqrt{n}}$	$W = \{\, Z < -Z_\alpha \,\}$
$\mu \leqslant \mu_0$			$W = \{\, Z > Z_\alpha \,\}$
$\mu = \mu_0$			$W = \{\, |t| > t_{\frac{\alpha}{2}}(n-1) \,\}$
$\mu \geqslant \mu_0$	σ 未知	$t = \dfrac{\overline{X} - \mu_0}{S / \sqrt{n}}$	$W = \{\, t < -t_\alpha(n-1) \,\}$
$\mu \leqslant \mu_0$			$W = \{\, t > t_\alpha(n-1) \,\}$
$\sigma = \sigma_0$			$W = \{\, \chi^2 > \chi^2_{\frac{\alpha}{2}}(n) \,\} \cup \{\, \chi^2 < \chi^2_{1-\frac{\alpha}{2}}(n) \,\}$
$\sigma \geqslant \sigma_0$	μ 已知	$\chi^2 = \dfrac{1}{\sigma_0^2} \sum_{i=1}^{n} (X_i - \mu)^2$	$W = \{\, \chi^2 < \chi^2_{1-\alpha}(n) \,\}$
$\sigma \leqslant \sigma_0$			$W = \{\, \chi^2 > \chi^2_\alpha(n) \,\}$
$\sigma = \sigma_0$			$W = \{\, \chi^2 > \chi^2_{\frac{\alpha}{2}}(n-1) \,\} \cup \{\, \chi^2 < \chi^2_{1-\frac{\alpha}{2}}(n-1) \,\}$
$\sigma \geqslant \sigma_0$	μ 未知	$\chi^2 = \dfrac{(n-1)S^2}{\sigma_0^2}$	$W = \{\, \chi^2 < \chi^2_{1-\alpha}(n-1) \,\}$
$\sigma \leqslant \sigma_0$			$W = \{\, \chi^2 > \chi^2_\alpha(n-1) \,\}$

2. 双正态总体的假设检验

假设 H_0	其他要求	选取统计量	拒 绝 域
$\mu_1 = \mu_2$			$W = \{\, |Z| > Z_{\alpha/2} \,\}$
$\mu_1 \geqslant \mu_2$	σ_1, σ_2 已知	$Z = \dfrac{\overline{X} - \overline{Y}}{\sqrt{\dfrac{\sigma_1^2}{n_1} + \dfrac{\sigma_2^2}{n_2}}}$	$W = \{\, Z < -Z_\alpha \,\}$
$\mu_1 \leqslant \mu_2$			$W = \{\, Z > Z_\alpha \,\}$
$\mu_1 = \mu_2$		$T = \dfrac{\overline{X} - \overline{Y}}{S_\omega \sqrt{\dfrac{1}{n_1} + \dfrac{1}{n_2}}}$	$W = \{\, |T| > t_{\frac{\alpha}{2}}(n_1 + n_2 - 2) \,\}$
$\mu_1 \geqslant \mu_2$	$\sigma_1 = \sigma_2$ 未知		$W = \{\, T < -t_\alpha(n_1 + n_2 - 2) \,\}$
$\mu_1 \leqslant \mu_2$		$S_\omega^2 = \dfrac{(n_1-1)S_1^2 + (n_2-1)S_2^2}{n_1 + n_2 - 2}$	$W = \{\, T > t_\alpha(n_1 + n_2 - 2) \,\}$
$\sigma_1 = \sigma_2$			$W = \{\, F > F_{\alpha/2}(n_1-1, n_2-1) \,\}$ $\cup \{\, F < F_{1-\alpha/2}(n_1-1, n_2-1) \,\}$
$\sigma_1 \geqslant \sigma_2$	μ_1, μ_2 未知	$F = \dfrac{S_1^2}{S_2^2}$	$W = \{\, F < F_{1-\alpha}(n_1-1, n_2-1) \,\}$
$\sigma_1 \leqslant \sigma_2$			$W = \{\, F > F_\alpha(n_1-1, n_2-1) \,\}$

【**例 8.2**】 某次考试的考生成绩服从正态分布,从中随机地抽取 36 位考生的成绩,算得平均成绩为 66.5 分,标准差为 15 分,问在显著性水平 0.05 下,是否可以认为这次考试全体考生的平均成绩为 70 分? 并给出检验过程.

附表:t 分布表

$$P\{t(n) \leqslant t_p(n)\} = p$$

$t_p(n)$ $\backslash$ p n	0.95	0.975
35	1.6896	2.0301
36	1.6883	2.0281

【**解析**】 设该次考试的考生成绩为 X,则 $X \sim N(\mu, \sigma^2)$. 把从 X 中抽取的容量为 n 的样本均值记为 $\overline{X}$,样本标准差记为 S. 本题是在显著性水平 $\alpha = 0.05$ 下检验假设 $H_0: \mu = 70$;$H_1: \mu \neq 70$.

拒绝域为

$$|t| = \frac{|\overline{X} - 70|}{S/\sqrt{n}} \geqslant \lambda$$

由 $n = 36, \overline{X} = 66.5, S = 15$,查表 $t(35, 0.975)$ 得到 $\lambda = 2.0301$,算得

$$|\hat{T}| = \frac{|66.5 - 70|\sqrt{36}}{15} = 1.4 < 2.0301$$

所以接受假设 $H_0: \mu = 70$,即在显著性水平 0.05 下,可以认为这次考试全体考生的平均成绩为 70 分.

【**例 8.3**】 设总体 X 服从正态分布 $N(\mu, \sigma^2)$,$X_1, X_2, \cdots, X_n$ 是来自总体 X 的简单随机样本,据此样本检验,假设 $H_0: \mu = \mu_0$;$H_1: \mu \neq \mu_0$,则(　　).

(A) 若在检验水平 $\alpha = 0.05$ 时拒绝 H_0,则在检验水平 $\alpha = 0.01$ 时必拒绝 H_0

(B) 若在检验水平 $\alpha = 0.05$ 时接受 H_0,则在检验水平 $\alpha = 0.01$ 时必拒绝 H_0

(C) 若在检验水平 $\alpha = 0.05$ 时拒绝 H_0,则在检验水平 $\alpha = 0.01$ 时必接受 H_0

(D) 若在检验水平 $\alpha = 0.05$ 时接受 H_0,则在检验水平 $\alpha = 0.01$ 时必接受 H_0

【**解析**】

如右图所示,$Z_{\alpha/2}$ 表示标准正态分布的上 $\frac{\alpha}{2}$ 分位数,即图中阴影部分的面积为 $\frac{\alpha}{2}$. 区间 $(-Z_{\alpha/2}, Z_{\alpha/2})$ 是在显著性水平 α 下的接受域.

若在检验水平 $\alpha = 0.05$ 时接受 H_0,即表示检验统计量 $Z = \dfrac{\overline{X} - \mu_0}{\sigma/n}$ 的观察值落在接受域 $(-Z_{0.025}, Z_{0.025})$ 内.

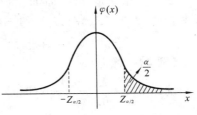

区间 $(-Z_{0.005}, Z_{0.005})$ 包含 $(-Z_{0.025}, Z_{0.025})$,因此其观察值也落在区间 $(-Z_{0.005}, Z_{0.005})$ 内,即落在接受域内,所以 (D) 正确,(B) 错误.

$\alpha = 0.05$ 时拒绝 H_0,即 Z 的观察值落在拒绝域 $(-\infty, -Z_{0.025}] \cup [Z_{0.025}, +\infty)$ 内;但区间 $(-\infty, -Z_{0.005}] \cup [Z_{0.005}, +\infty)$ 包含 $(-\infty, -Z_{0.025}] \cup [Z_{0.025}, +\infty)$,因此无法判断观察值是否落在区间 $(-\infty, -Z_{0.005}] \cup [Z_{0.005}, +\infty)$ 内,选项 (A)、(C) 无法确定. 选 (D).

四、典型题型

题型一：计算两类错误的概率

本部分为非重点考点，掌握两类错误的实际意义即可.

【例 1】 若 $X \sim \begin{pmatrix} 1 & 2 & 3 \\ \theta^2 & 2\theta(1-\theta) & (1-\theta)^2 \end{pmatrix}$，且有假设 $H_0: \theta = 0.1; H_1: \theta = 0.9, X_1, X_2, X_3$ 为取自 X 的样本，该假设检验的拒绝域为 $W = \{X_1 = 1, X_2 = 1, X_3 = 1\}$，求两类错误的概率.

【例 2】 设总体 $X \sim N(\mu, 0.2^2)$，μ 未知，$\overline{X}_n$ 为样本容量为 n 的样本均值. 若存在原假设 $H_0: \mu = \mu_0$（μ_0 已知），且已知其拒绝域为 $\{|\overline{X} - \mu_0| \geqslant 0.1\}$，若使犯第一类错误的概率不大于 0.05，则样本容量至少为 _____. （$\Phi(1.64) = 0.95, \Phi(1.96) = 0.975$）

题型二：单正态总体的假设检验

本部分为非重点考点，需掌握假设检验的步骤以及单正态总体检验的表格内容.

【例 3】 已知某种滚珠的直径服从正态分布，现随机地从一批滚珠中抽取 6 个，测得直径（单位:mm）为 14.70, 15.21, 14.90, 14.91, 15.32, 15.32. 假设滚珠直径总体分布的方差为 0.05，则是否可以认为这批滚珠的平均直径为 15.25？（$\alpha = 0.05, \Phi(1.64) = 0.95, \Phi(1.96) = 0.975$）

【例 4】 某工厂生产的铜丝的折断力（单位:N）服从正态分布 $N(\mu, \sigma^2)$. 从某天所生产的铜丝中抽取 10 根，进行折断力试验，测得其样本均值为 572.2，方差为 75.7，若 μ 未知，是否可以认为这一天生产的铜丝的折断力的标准差是 8？（$\alpha = 0.05, \chi^2_{0.025}(9) = 19.02, \chi^2_{0.975}(9) = 2.7$）

五、典型题型答案

题型一：计算两类错误的概率

【例 1】 解析：
第一类错误是弃真，即 H_0 为真的前提下却拒绝了 H_0，故有
$$\alpha = P\{W \mid H_0\} = P\{X_1 = 1, X_2 = 1, X_3 = 1 \mid H_0\} = \theta^6 \big|_{\theta = 0.1} = 10^{-6}$$
第二类错误是存伪，即 H_0 为假的前提下却接受了 H_0，故有
$$\beta = P\{\overline{W} \mid H_1\} = 1 - P\{W \mid H_1\} = 1 - P\{X_1 = 1, X_2 = 1, X_3 = 1 \mid H_1\}$$
$$= 1 - \theta^6 \big|_{\theta = 0.9} = 1 - 0.9^6$$

【例 2】 解析：
统计量 $Z = \dfrac{\overline{X}_n - \mu_0}{0.2/\sqrt{n}} \sim N(0,1)$，由题意可知拒绝域为
$$W = \{|Z| > 1.96\} = \left\{ \left| \frac{\overline{X}_n - \mu_0}{0.2/\sqrt{n}} \right| > 1.96 \right\}$$
则有

$$P\left\{|Z|=\frac{0.1}{0.2/\sqrt{n}}>1.96\right\}\leqslant 0.05$$

可得 $\dfrac{0.1}{0.2/\sqrt{n}}=\dfrac{\sqrt{n}}{2}\geqslant 1.96$，故解得 $n\geqslant 16$．

题型二：单正态总体的假设检验

【例3】 解析：

设滚珠的直径为 X，则由题意知 $X\sim N(\mu,0.05)$．假设 $H_0:\mu=15.25$；$H_1:\mu\neq 15.25$，取统计量 $Z=\dfrac{\overline{X}-15.25}{\sigma_0/\sqrt{6}}$，由已知可得 $Z_{\frac{\alpha}{2}}=Z_{0.025}=1.96$，所以拒绝域为 $W=\{|Z|>1.96\}$．又由样本观测值计算可得

$$|Z_0|=\left|\frac{15.06-15.25}{\sqrt{0.05}/\sqrt{6}}\right|=2.08>1.96$$

因此拒绝 H_0，即不认为该批滚珠直径的均值为 15.25 mm．

【例4】 解析：

设铜丝的折断力为 X，则由题意知 $X\sim N(\mu,\sigma^2)$，假设 $H_0:\sigma^2=8^2=64$；$H_1:\sigma^2\neq 64$，取统计量 $\chi^2=\dfrac{(n-1)S^2}{64}$，由已知可得

$$\chi^2_{0.025}(9)=19.02,\quad \chi^2_{0.975}(9)=2.7$$

所以拒绝域为

$$W=\{\chi^2>\chi^2_{\frac{\alpha}{2}}(n-1)\bigcup \chi^2<\chi^2_{1-\frac{\alpha}{2}}(n-1)\}$$

即

$$W=\{\chi^2>19.02\bigcup \chi^2<2.7\}$$

又由样本观测值计算可得

$$\chi^2_0=\frac{(n-1)S^2}{64}=10.65$$

因此接受 H_0，即认为这一天生产的铜丝的折断力的标准差是 8．